RÉPUBLIQUE FRANÇAISE

MINISTÈRE DE L'AGRICULTURE

ADMINISTRATION DES EAUX ET FORÊTS

EXPOSITION UNIVERSELLE INTERNATIONALE DE 1900

À PARIS

RESTAURATION ET CONSERVATION

DES TERRAINS EN MONTAGNE

LES TORRENTS GLACIAIRES

PAR M. KUSS

INSPECTEUR DES EAUX ET FORÊTS

PARIS

IMPRIMERIE NATIONALE

MDCCCC

RESTAURATION ET CONSERVATION

DES TERRAINS EN MONTAGNE

LES TORRENTS GLACIAIRES

RÉPUBLIQUE FRANÇAISE

MINISTÈRE DE L'AGRICULTURE

ADMINISTRATION DES EAUX ET FORÊTS

EXPOSITION UNIVERSELLE INTERNATIONALE DE 1900
À PARIS

RESTAURATION ET CONSERVATION
DES TERRAINS EN MONTAGNE

LES TORRENTS GLACIAIRES

PAR M. KUSS

INSPECTEUR DES EAUX ET FORÊTS

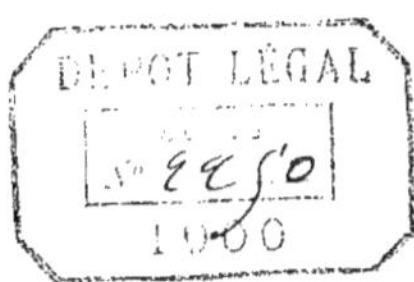

PARIS

IMPRIMERIE NATIONALE

MDCCCC

RESTAURATION ET CONSERVATION
DES TERRAINS EN MONTAGNE.

LES TORRENTS GLACIAIRES.

Définitions. — Dans son *Étude sur les torrents des Hautes-Alpes*, M. Surell partage les cours d'eau des montagnes alpestres en quatre classes : les rivières, les rivières torrentielles, les torrents et les ruisseaux.

Après avoir défini les rivières et les rivières torrentielles de façon très précise, il s'exprime ainsi au sujet des torrents : « Ils coulent dans des vallées très courtes, parfois même dans de simples dépressions; leurs crues sont courtes et presque toujours subites; leur pente excède o m. o6 par mètre sur la plus grande longueur de leur cours; elle varie très vite et ne s'abaisse pas au-dessous de o m. o2 par mètre; ils ont une propriété tout à fait spécifique : ils affouillent dans la montagne, ils déposent dans la vallée et divaguent ensuite, par suite de ces dépôts; cette propriété, formée par un triple fait, ne se retrouve dans aucune des deux classes précédentes et fournit un caractère bien tranché. »

Dans son *Traité pratique du reboisement et du gazonnement des montagnes,* M. Demontzey, étudiant les torrents, les répartit en deux classes d'après l'origine des déjections qu'ils charrient.

« La première classe, dit-il, comprendra les torrents dont les déjections sont uniquement le produit de l'affouillement des eaux dans le versant des montagnes : nous les dénommerons *torrents à affouillement.*

La deuxième renferme :

1° Les torrents qui prennent dans l'affouillement une partie seulement des matériaux et reçoivent le reste par le simple effet de la pesanteur qui précipite dans leur lit les débris de la désagrégation des rochers supérieurs;

2° Les torrents qui sont alimentés par les glaciers.

Nous nommerons les premiers *torrents à casses* et les seconds *torrents glaciaires*.

Il ajoute : « Dans les parties moyennes ou inférieures de leur cours, ces torrents se comportent évidemment comme ceux à affouillement et n'en diffèrent que par leur régime dans la région supérieure. On conçoit *a priori* que si l'on peut se donner pour but l'extinction complète des torrents à affouillement, l'on se trouve dans l'obligation de se contenter de la simple correction pour les torrents de la deuxième classe.

« L'étude du travail qui s'opère dans le sein de la montagne pendant la période d'activité de ces torrents aura pour conséquence la discussion et le choix des moyens les plus rationnels en même temps que les plus efficaces à employer pour arriver économiquement à la complète extinction des uns et à la simple correction des autres. »

Rien de plus vrai, rien de plus exact que ces quelques réflexions qui, émises en 1878, ont été depuis lors confirmées de tous points par une expérience de plus de vingt années, poursuivie simultanément sur tous les points de la France. Aussi serviront-elles de base et de cadre à notre étude des torrents glaciaires.

Appelé par nos fonctions à nous occuper spécialement des torrents du massif du mont Blanc, nous nous attacherons plus spécialement à cette région, qui offre d'ailleurs un magnifique champ d'études. Par la diversité des phénomènes qui s'y produisent, par l'étendue de ses glaciers, par leur variété, par ses diverses orientations, le mont Blanc peut être considéré comme le type de la région glaciaire. Les observations qui s'y rapportent conduiront par là même à des conclusions générales applicables à tous les torrents qui prennent naissance dans les glaces et les neiges éternelles.

Le mont Blanc. — Le mont Blanc est situé dans le département de la Haute-Savoie, arrondissement de Bonneville, canton de Chamonix.

Géologiquement, la double arête du mont Blanc et des Aiguilles-Rouges, le groupe culminant de l'Europe, est la simple continuation de la chaîne occidentale de la Savoie, mais, par son relief, il semble absolument distinct. Du côté du sud, l'énorme masse de granit protogine, d'origine peut-être sédimentaire, qui constitue le mont Blanc, est séparée du massif de la Savoie par le col du Petit Saint-Bernard et le col du Bonhomme, ouvert à plus de 2,300 mètres au-dessous de son dôme supérieur; du côté de la Suisse, ses contreforts s'abaissent vers la profonde fissure où coule le Rhône; à l'orient, ses escarpements rapides et ses glaciers plongent vers l'Italie; à l'occident, ses pentes, plus douces, bien que formidables encore, et ses longues «mers de glace», s'inclinent vers la vallée française de Chamonix.

A une époque antérieure, lorsque les cimes du prodigieux massif étaient encore plus élevées de plusieurs milliers de mètres, il ne formait qu'un seul groupe avec les Aiguilles-Rouges, qui en sont aujourd'hui séparées par la vallée de Chamonix, et qui se prolongent au nord-est jusqu'en Suisse, même par delà la vallée du Rhône.

Ce sont les divers sommets de cette crête qui présentent aux voyageurs le plus admirable panorama du mont Blanc. Phénomène remarquable, le plus haut sommet des Aiguilles-Rouges porte à son extrémité un petit lambeau de calcaire schisteux, en couches horizontales, débris des immenses dépôts dont la mer avait autrefois revêtu toutes les roches de granit.

La Grande-Montagne, qui est non seulement le sommet culminant, mais encore l'une des principales bornes politiques de l'Europe, n'a point une largeur de base ni une puissance de contreforts qui lui permettent de se mesurer à cet égard avec les principaux massifs alpins de la Suisse, le mont Rose et l'Oberland bernois. Elle n'a pas non plus une grande importance comme centre de rayonnement des eaux; l'étendue n'en est pas assez considérable pour qu'elle puisse alimenter autant de rivières que le massif oriental de la Maurienne et celui du Saint-Gothard. Deux torrents seulement (rivières torrentielles) prennent leur source à la base du mont Blanc : à l'ouest, l'Arveiron ou l'Arve, qui va s'unir au Rhône en aval de Genève; à l'est, la Doire-Baltée, qui se jette dans le Pô, après avoir traversé les plaines du Piémont.

Pourtant, dans sa faible étendue relative, le mont Blanc est un monde de neiges et de glaces! Tout le massif est frangé de ces fleuves solidifiés qui descendent au loin dans les ravins. La Suisse, l'Italie, la France en reçoivent chacune leur part; mais c'est la rivière française qui recueille la quantité la plus abondante des eaux de fusion, grâce aux vents pluvieux qui viennent frapper surtout le versant occidental. Plus de la moitié des neiges et des glaces qui recouvrent le massif se trouvent sur ce côté de la montagne et s'épanchent dans l'Arve. Sur les 282 kilomètres carrés de glaces que comprend la superficie du mont Blanc, le versant français en a 168; d'après M. Huber, on pourrait évaluer la masse cristallisée qui s'incline vers la vallée de Chamonix à 7 milliards 580 millions de mètres cubes d'eau, assez pour alimenter le débit constant du Rhône sous le pont de Beaucaire pendant cinquante jours. Parmi les glaciers qui se déversent avec tant de lenteur des cirques élevés du mont Blanc, plusieurs sont devenus célèbres par les études comparées de savants observateurs. Le plus beau, le plus vaste, et en même temps le plus étudié, est la fameuse « Mer de glace », qui se meut avec une rapidité moyenne de 100 mètres par an et dont les molécules mettent par conséquent un siècle et demi pour descendre des névés supérieurs à l'arche terminale qui donne naissance à l'Arveiron. Les noms de Saussure, de Rendu, de Forbes, de Tyndall restent à jamais associés à celui de ce glacier; c'est une des localités classiques dans l'histoire de la géographie.

Découvert, pour ainsi dire, en 1741, par les Anglais Pococke et Wyndham et gravi pour la première fois en 1786 par Jacques Balmat, le mont Blanc est devenu l'un des grands lieux de pèlerinage pour les admirateurs de la nature. Le hameau de Chamonix, qui semblait n'être qu'une misérable agglomération de cabanes, s'est changé en une ville d'hôtels où les étrangers se succèdent en multitude pendant la saison d'été. Les autres villages, situés à la base du colosse, Saint-Gervais, Courmayeur, sont aussi visités par une foule grossissant chaque année; les ascensions de la Grande-Montagne et des cimes avoisinantes deviennent de plus en plus nombreuses, et des chemins, des sentiers bien tracés facilitent l'accès des pas les plus dangereux[1].

Une voie ferrée permet depuis 1898 d'accéder aux bains de Saint-Gervais (embranchement de la Roche-sur-Foron au Fayet) et permettra sous peu d'arriver à Chamonix même avec rapidité. Le flot toujours croissant des visiteurs en recevra sans doute un nouvel essor. Il n'en sera que plus important d'assurer la sécurité des habitants et la conservation des voies de communication, toujours plus ou moins menacées par les phénomènes encore peu connus qui prennent naissance dans les glaciers et les torrents qui s'en écoulent.

Ces phénomènes peuvent être subdivisés, suivant la façon dont ils se manifestent à nos yeux, en trois catégories principales :

1° Les avalanches;

2° Les éboulements;

3° Les crues torrentielles.

[1] Description du mont Blanc, extraite de la *Géographie universelle*, par Élisée Reclus.

L'étude des torrents glaciaires nous permettra de saisir l'origine de tous ces phénomènes, d'en étudier la marche et par là même de nous rendre compte des moyens à employer pour en supprimer ou tout au moins en atténuer les effets dévastateurs.

Les torrents glaciaires. — *Le bassin de réception.* — Les auteurs distinguent, en général, trois régions dans un torrent :

1º Le *bassin de réception*, où les eaux s'amassent, ayant généralement la forme d'un vaste entonnoir diversement accidenté et aboutissant à un goulot placé dans le fond. Il donne naissance au torrent;

2º Le *canal d'écoulement*, région placée au-dessous du bassin de réception et à la suite du goulot, dans laquelle il n'y a ni affouillement ni dépôt;

3º Le *lit de déjection*, région où se déposent, d'après des lois régulières, les matériaux arrachés au bassin de réception, et qui présente la forme apparente d'un monticule très aplati, placé à la sortie de la gorge et accolé à la montagne comme un contrefort.

Des arêtes rocheuses, des aiguilles, des pointes constituent en général la partie la plus élevée du bassin de réception des torrents glaciaires du mont Blanc. Sur ces rochers abrupts, aux déclivités fantastiques, la neige ne tient pas, même en hiver. Elle ne les recouvre pour quelques jours que quand elle tombe chassée par un vent favorable et humide. Elle s'accumule cependant dans toutes les anfractuosités, sur toutes les plates-formes qui, invisibles de la plaine, occupent toujours des surfaces importantes; de telle sorte que ces rocs, qui semblent dénudés, si on pouvait les dominer, donneraient, au contraire, l'impression d'une surface presque uniformément couverte de glace et de neige.

La neige qui tombe sur ces hauteurs et plus bas encore jusqu'à une altitude de 3,000 mètres environ, limite inférieure des neiges éternelles, est généralement sèche, d'un grain très fin, cristallisée, d'une légèreté extraordinaire, qui lui permet d'être facilement enlevée par le vent.

Les névés. — Comme à ces hauteurs il ne pleut presque jamais, cette neige ne subit que l'action alternative d'un froid toujours vif et d'une chaleur intense provoquée par le rayonnement solaire. Tous ceux qui sont allés par une belle journée au milieu de ces champs de neige, ont pu constater l'ardeur du soleil, et s'ils n'ont pas eu la précaution de se garantir la figure par un voile épais, les yeux par des lunettes sombres parfaitement adhérentes, ils ont été frappés infailliblement d'un coup de soleil général et de vives douleurs ophtalmiques.

Au milieu de l'air raréfié qui occupe l'espace au-dessus de 3,000 mètres d'altitude, l'atmosphère est bien plus transparente que dans les plaines et, étant peu chargée de vapeurs, elle se laisse plus aisément traverser par les rayons solaires, n'absorbant que fort peu de leur puissance lumineuse et de leur calorique. La neige étant elle-même d'une blancheur extrême, réfléchit la majeure partie de la lumière et de la chaleur qui viennent la frapper.

De là l'intensité de la lumière qui provoque, par les jours de soleil, des ophtalmies souvent fort douloureuses, et l'intensité de la chaleur qui atteint toutes les parties découvertes du visage, même à l'abri des rebords d'un chapeau, le rayonnement se faisant sentir à la fois d'en haut, par l'action directe du soleil, et d'en bas, par la réflexion sur la neige.

Mais, aussitôt le soleil disparu, le froid revient et le thermomètre descend rapidement au-dessous de zéro.

Cette double action de chaleur et de froid, se reproduisant presque journellement sur d'épaisses couches de neige, a pour effet de créer les névés, qui occupent la superficie totale de la région des neiges éternelles.

Les névés représentent comme une situation intermédiaire entre la neige et la glace compacte. Ils sont constitués par de petits grains de glace, isolés les uns des autres, que la gelée de la nuit réunit et agglutine, superficiellement au moins, et qui se séparent de nouveau quand la température monte. La matière du névé est toujours blanche, poreuse, un peu spongieuse et plus légère que la glace, à cause de la grande quantité d'air qu'elle contient. A mesure que l'on descend sur les flancs de la montagne, on en voit les grains s'agrandir, prendre une couleur de plus en plus bleuâtre et, finalement, se transformer en glace compacte. De là naît le glacier.

Sous l'action de la chaleur solaire, la neige nouvellement tombée fond superficiellement; l'eau de fusion est absorbée, comme par un filtre gigantesque, par l'épaisse couche de neige sous-jacente, et sa quantité est si minime, comparée au volume de ce filtre, qu'elle ne suffit pas à lui donner même l'apparence de l'humidité. Cependant des parcelles aqueuses, infiniment divisées, sont venues humecter la fine poussière de neige ordinaire aux grandes altitudes et, dès la disparition du soleil, cette eau de fusion gèle à nouveau, en faisant corps avec le flocon de neige auquel elle adhère; mais sa quantité est si faible qu'elle est impuissante à agglutiner les flocons entre eux. Cette augmentation, journellement répétée, finit par donner un volume très appréciable aux éléments constitutifs du névé. A mesure que diminue l'altitude, la fusion augmente d'activité et la quantité d'eau qui reste adhérente aux grains de névé devient de plus en plus considérable. La congélation nocturne aidant, ils grossissent donc, d'autant plus régulièrement qu'ils sont situés à une moindre altitude, ce qui explique la différence facile à constater de leurs dimensions.

Dans ce travail de transformation, il arrive toujours un moment où les grains de glace, devenus assez gros, ont une tendance à se souder les uns aux autres; mais l'eau qui sert à les relier étant en quantité insuffisante et d'autant moindre qu'on se trouve à une plus grande altitude, la soudure reste imparfaite et disparaît au premier rayon du soleil.

Cependant, dans le bas des névés, l'eau, étant plus abondante, occasionne un amalgame plus complet, de telle sorte que, pendant les chaudes journées d'été, elle ne peut plus pénétrer à travers la croûte superficielle de glace et s'écoule à la surface, divisée en nombreux ruisselets.

Les guides de Chamonix prétendent que cette eau est le meilleur remède contre le mal des montagnes, sorte de vertige suivi ou accompagné souvent de vomissements, qui détruit toute énergie chez l'Alpiniste novice. On a voulu voir dans ce malaise qui saisit les voyageurs un effet de l'abaissement de la pression barométrique; mais la faible proportion des malades nous porterait plutôt à croire qu'il faut y voir le résultat de la surexcitation à la fois nerveuse et physique à laquelle se livrent les alpinistes inexpérimentés.

Devant la rareté croissante de l'air, les forces physiques faiblissent suivant une progression très accentuée; la fatigue arrive promptement à son extrême limite et surprend alors ceux qu'une longue pratique n'a pas déjà familiarisé avec ce phénomène.

Du mode de formation des névés, on peut conclure, ce que l'expérience vérifie du reste, que partout ils recouvrent de la glace compacte et qu'on doit la rencontrer à une profondeur augmentant avec l'altitude. C'est vers 3,000 mètres au-dessus du niveau de la mer qu'on peut fixer son point d'émergence; mais il faut considérer ce chiffre comme une simple moyenne, susceptible des plus grandes variations, tant par suite de l'exposition que par les différences qu'amènent la configuration du sol et sa déclivité.

Le vent. — Pour la facilité des explications, nous avons dû supposer jusqu'à présent que la neige, une fois tombée sur le sol, y restait immuablement fixée. En réalité, il n'en est jamais ainsi. Cette neige, fine et légère, devient immédiatement le jouet des vents qui soufflent toujours dans la montagne et causent souvent, avec son aide, le phénomène si redouté qu'on appelle la tourmente.

Le vent, en temps ordinaire, par les jours où aucune tempête ne sévit dans l'atmosphère, souffle toujours dans le sens des vallées, grandes ou petites; de l'amont vers l'aval, c'est-à-dire en descendant, pendant la nuit; de l'aval vers l'amont, c'est-à-dire en remontant, pendant le jour. La transition se fait, suivant les saisons, de 7 à 9 heures le matin et le soir; plus tôt quand le soleil se lève de bonne heure, plus tard pendant les courtes journées de l'hiver. C'est donc vers 7 heures en été et vers 9 heures en hiver que règne le calme le plus complet, qu'aucune brise ne vient rafraîchir l'ascensionniste haletant, livré sans défense à toute l'ardeur du soleil.

Les montagnards prudents, qui connaissent bien ce phénomène, ont soin de toujours partir de grand matin, quand ils ont une longue « montée » à faire; ils sont alors arrivés, à l'heure du calme, dans les régions où l'air, toujours frais, leur permet de continuer leur course, sans fatigue exagérée.

Cette régularité du vent produit en hiver, le long des crêtes des montagnes, un mur vertical de neige de plusieurs mètres de hauteur, qui peut même arriver jusqu'à être légèrement surplombant. Les courants qui, sur chaque versant, remontent les vallées, se rencontrent, en effet, le long de la crête; leur intensité dépendant à la fois de l'orientation et de la longueur de la vallée qui leur a donné naissance, ils sont, à peu près toujours, de forces inégales, mais suivant une proportion qui varie fort peu.

Le courant le plus violent rencontrant la résistance du courant le plus faible en provoque tout d'abord l'arrêt, puis le retour en arrière. Dans ce moment d'arrêt, toute la neige légère tenue en suspens et entraînée par le vent se dépose sur le sol, tandis que le courant violent, devant la résistance qu'il rencontre brusquement, s'infléchit pour prendre une direction plus ou moins verticale, suivant la force qui lui est opposée, et continue à entraîner la majeure partie de la neige qu'il a soulevée. De ce double phénomène, dépôt d'un côté, limité nettement par un courant violent de l'autre côté, résulte la formation d'une plaine de neige sans relief du côté où se fait le dépôt, avec une épaisseur qui peut atteindre plusieurs mètres, et d'une brusque dénivellation au point de rencontre des deux courants.

On comprend aisément qu'avec les vents, la fine neige des hauteurs, sans cesse remaniée, puisse combler très rapidement toutes les dénivellations du sol, faire disparaître sous elle de profonds ravins, engloutir sous un épais linceul les routes, chemins et passages que l'homme a tracés, de manière à ne plus laisser apparaître qu'une plaine immense, où l'œil cherche en vain un point de repère.

Quand, à cette uniformité, viennent s'ajouter un brouillard intense qui quelquefois ne permet pas de distinguer la silhouette d'un homme marchant à deux pas en avant, un vent violent sans direction définie, soufflant tantôt du nord, tantôt de l'est, du sud ou de l'ouest, et soulevant des nuages de neige si fine qu'elle pénètre partout, à travers les fentes des portes et des fenêtres, à travers les habits les mieux fermés, et se précipite brusquement à la face des voyageurs qu'elle aveugle, on se trouve en présence de la tourmente.

Tous les hivers, la tourmente cause des morts nombreuses de voyageurs égarés qui, malgré la construction de quelques hospices sur les points les plus dangereux, ne peuvent être secourus à temps. C'est qu'en effet, aux efforts physiques qu'il faut déployer pour avancer péniblement à travers des champs de neige en poussière impalpable, dans lesquels on enfonce à chaque pas jusqu'au-dessus du genou (et rien n'est plus fatigant), vient s'ajouter l'action déprimante du froid, qui enlève à l'homme le plus énergique toute force de résistance. Au bout de quelques heures de lutte, sollicité par un engourdissement de plus en plus insurmontable, il s'endort, comme s'il avait absorbé un puissant narcotique. Il ne se réveillera plus, et souvent, ensevelie sous la neige, sa dépouille mortelle ne sera retrouvée qu'au printemps suivant.

L'action incessante du vent, en nivelant les dépressions du sol, découvre les arêtes et les crêtes secondaires, ou tout au moins n'y laisse qu'une mince couche de neige. On profite de cette dernière circonstance pour ériger, sur certaines de ces crêtes, des poteaux de 4 à 5 mètres de hauteur, espacés entre eux de 15 à 20 mètres, et qui indiquent la direction à suivre pendant l'hiver pour se rendre aux cols les plus fréquentés.

Les avalanches. — A cette époque de l'année, nous l'avons déjà dit, les chemins tracés ont complètement disparu, mais, existeraient-ils encore, qu'il serait indispensable de s'en écarter pour éviter les avalanches, qui sont l'un des plus redoutables dangers de la montagne.

Lorsque, sous la poussée du vent ou à la suite de chutes abondantes, la neige s'est accumulée en couches épaisses dans le lit des ravins escarpés, il arrive un moment où son poids l'entraîne.

Elle glisse alors avec rapidité le long des pentes, son peu de cohésion facilitant ce mouvement. Son volume s'augmente de toutes les neiges qu'elle rencontre, et atteint en un instant des proportions formidables. En même temps, sa vitesse devient de plus en plus considérable. Elle ne s'arrête qu'à la base des escarpements, sur les plateaux secondaires, en provoquant un bruit sourd, pareil à une salve d'artillerie.

Ces petites avalanches poudreuses ou superficielles se produisent avec assez de régularité en des points toujours les mêmes; elles ne vont généralement pas bien loin et leurs dégâts sont insignifiants; les habitants évitent toujours de franchir les couloirs d'avalanches et d'élever des constructions à proximité. Cependant, quand l'état d'équilibre de la neige est atteint, la moindre imprudence, un bruit, un souffle de vent, la trace de pas interrompant la régularité de la couche suffisent souvent à en précipiter le départ et provoquent ainsi quelquefois des accidents graves. Les malheureux, saisis au milieu d'une traversée courte, de quelques mètres seulement, sont renversés, roulés, ensevelis, sans qu'il soit possible de

leur porter le moindre secours, tant la catastrophe se produit rapidement.

L'effet principal de ces avalanches d'hiver est de déblayer le sol dans les parties élevées et escarpées, et de permettre ainsi à la végétation de s'y installer encore pendant les deux mois de l'été. Sans leur secours, bien des régions ne se dépouilleraient que fort lentement de leur blanc linceul, sous l'action directe des rayons solaires, et seraient totalement perdues pour la vie végétale.

Au printemps, de petites avalanches de neige lourde et humide se détachent également des parties escarpées des montagnes, soit à la suite d'un vent chaud, d'une pluie qui active la fonte, soit provoquée par la chute d'un rocher ou d'un morceau de glace. Elles glissent généralement, bien plutôt qu'elles ne roulent, sur une surface glacée, constituée par de vieilles neiges durcies, et atteignent rarement jusqu'au sol.

Leur marche et leurs effets sont analogues en tout point à ceux des avalanches sèches de l'hiver.

De beaucoup plus importantes sont les avalanches *de fond*, qui se produisent toujours au printemps, à l'époque de la fonte des neiges.

Celles-ci se détachent du sommet de la montagne, embrassent toujours un grand versant à très forte pente (30 à 35 degrés). La neige, imbibée d'eau sous l'action du dégel, reposant sur un sol glacé encore, à la surface duquel s'infiltre une mince nappe d'eau, vient tout à coup à être entraînée par son propre poids et se met en mouvement sur un espace qui peut atteindre plusieurs kilomètres de longueur et une hauteur souvent énorme. Elle n'a pas l'air de glisser, mais bien plutôt de tomber, et vient se broyer avec un bruit formidable sur les premiers plateaux, soulevant d'épais nuages de neige et de glace. Là, guidée par les contreforts de la montagne, elle roule, se précipite tumultueusement vers les vallées dans lesquelles elle s'engouffre, culbutant tout sur son passage.

Négligeant et obstruant les dépressions secondaires, elle gagne le lit du torrent principal et s'écoule alors, suivant une marche absolument identique à celles des coulées de boues que nous désignons sous le nom de *laves*.

Précédée d'arbres et de rochers arrachés aux flancs de la montagne, elle coule avec la vivacité d'une eau impétueuse, se précipite dans les cascades, ralentit son cours sur les plateaux, s'arrête complètement derrière les barrages temporaires formés par les arbres et les rochers qu'elle entraîne, se gonfle de nouveaux apports continuels, rompt les barrages et repart avec d'autant plus d'impétuosité qu'elle a été contenue plus longtemps.

Elle tombe enfin dans le lit de la rivière, au fond d'une large vallée, y forme des entassements de 20 à 100 mètres d'épaisseur, mélange de neige et de détritus de toutes sortes, barrant quelquefois le cours des eaux pendant un long laps de temps; et cette matière qui coulait comme de l'eau, qui semblait si malléable, est aussi dure que la pierre. On peut immédiatement marcher à sa surface sans aucun danger et sans que le pied y imprime la moindre trace.

Comme presque toutes les routes importantes occupent le fond des vallées, il arrive fréquemment que la circulation soit complètement interrompue par ces avalanches. On y ouvre alors, à la pioche et à la pelle, un passage provisoire, qui consiste le plus souvent en l'établissement d'une simple plate-forme superficielle où les voitures les plus lourdes passent sans danger.

Quand un cours d'eau est barré par une avalanche de neige, l'eau imbibe peu à peu la partie inférieure de cette masse légèrement spongieuse et, par sa chaleur, en provoque la fusion. Il se forme rapidement de la sorte un canal souterrain qui s'agrandit chaque jour, la neige fondant tant par l'effet de la chaleur de l'eau que par celui du courant d'air chaud qui remonte la vallée dans la journée. Le canal souterrain prend ainsi des proportions de plus en plus vastes, et atteint bientôt les dimensions d'un véritable

tunnel. La superficie de l'avalanche fond beaucoup plus lentement, étant soumise à l'influence des gelées nocturnes qui durcissent la couche supérieure de neige, et cette action n'étant pas contre-balancée par celle d'un courant d'eau à une température toujours supérieure à o degré.

C'est donc surtout par un évidement souterrain de plus en plus considérable que fondent ces avalanches. Aucun signe extérieur ne permet de mesurer l'importance exacte de ce travail, qui se termine toujours par l'effondrement de la voûte. Aussi arrive-t-il une époque de l'année où il devient dangereux de se risquer à l'aventure à leur surface. On se croit en sûreté et subitement, le sol s'effondrant sous les pieds, on se trouve précipité de plusieurs mètres de hauteur au milieu d'un torrent dont le lit, souvent hérissé de rochers, renferme, en plus, une eau glaciale. Outre ce bain forcé, on reçoit en même temps une pluie des débris de l'avalanche qui s'effondre, sous forme de morceaux de neige glacée, mélangés de pierrailles. Heureux si l'on échappe à un accident grave immédiat ! On se trouve cependant dans un cruel embarras pour sortir du puits où l'on se trouve précipité. Avec beaucoup d'agilité et quelques ressources d'esprit, on s'en tire presque toujours, et, trempé, contusionné, ayant perdu canne et chapeau, qui s'en vont à la dérive, on doit abandonner la course projetée pour aller au plus vite chercher des vêtements secs et éviter ainsi la fluxion de poitrine qui vous guette.

Toutes les avalanches de fond ne descendent cependant pas obligatoirement jusque dans les vallées inférieures. Suivant la configuration du sol et la quantité de neige qu'elles entraînent, il peut arriver aussi qu'elles s'arrêtent dans des ravins, des torrents profonds qu'elles nivellent. Au cours de leur route, toutes déposent d'ailleurs des amoncellements de neige dans les ravins les plus profonds, de telle sorte qu'à la fin de l'hiver et pendant le printemps les versants se dépouillent très vite, tandis que le fond des ravins reste obstrué quelquefois jusqu'en septembre.

La chute des avalanches de fond a une action considérable sur les versants des montagnes. Si la plupart d'entre elles se produisent annuellement en empruntant un trajet toujours le même, il arrive cependant fréquemment aussi que, par suite de circonstances locales, des avalanches nouvelles se forment, provoquant sur leur parcours les dégâts les plus importants.

Les avalanches régulières se bornent généralement à entraîner les pierres instables, les rochers délités qui tapissent le sol sur leur trajet.

Mais les avalanches nouvelles se précipitent à travers les forêts, renversant les plus belles futaies, broyant les arbres, ne laissant que des ruines sur tout leur passage. Les fermes, les hameaux, les villages qu'elles rencontrent sont anéantis en un instant, renversés ou ensevelis sous la masse des neiges. C'est ainsi qu'un versant boisé, parfaitement à l'abri des érosions, se trouve subitement dénudé et peut donner naissance à un torrent dangereux. Bien plus, cette forêt qui, par sa présence, empêchait souvent l'avalanche de partir, ne peut se reconstituer. La neige, ne rencontrant plus aucun point d'arrêt, se met en mouvement tous les ans et paralyse les efforts de la végétation.

Les causes accidentelles qui provoquent les avalanches nouvelles sont fort nombreuses; on peut citer en particulier : des chutes de neige extraordinaires, une température très douce accompagnée de pluie chaude, des exploitations forestières mal entendues, et même, assure-t-on, les tremblements de terre, qui sont assez fréquents dans les Alpes.

Travaux contre les avalanches. — *Forêts naturelles.* — Aucun obstacle ne peut arrêter les avalanches en marche, mais on arrive quelquefois à en prévenir le départ. Le moyen le plus efficace et le plus généralement employé consiste dans l'entretien d'une forêt de protection sur les pentes escarpées qui donnent naissance à ce redoutable phénomène. Encore cette forêt doit-elle être exploi-

tée méthodiquement, de façon à assurer le maintien du peuplement serré, constitué par des tiges suffisamment résistantes. Trop souvent, dans les Alpes, la forêt de protection est considérée comme un lieu intangible par les populations, qui n'y souffrent pas la moindre extraction. Cette mise en défends absolue, loin de produire de superbes forêts vierges, comme on en rencontre, paraît-il, en Amérique, ne produit, au contraire, qu'un massif de plus en plus clairiéré, où la régénération naturelle fait totalement défaut, et où chaque vieil arbre qui disparaît laisse une trouée des plus dangereuses. Ce phénomène est particulièrement visible dans les forêts de hêtres des Monts, près de Taninges (Haute-Savoie), et dans la forêt d'épiceas du Miroir, près de Sainte-Foy (Savoie) [1].

[1] Sur le même sujet, M. Vincent Pollak, ingénieur en chef de la Direction générale des chemins de fer de l'État autrichien, s'exprime ainsi dans un rapport qu'il a présenté, le 11 décembre 1890, à la Société des ingénieurs et architectes de Vienne, sur *Les avalanches d'Autriche et de Suisse et les travaux qu'on leur oppose :*

« Dans les travaux contre les avalanches, partout où il s'agira de maintenir en bon état des ouvrages répartis sur un espace considérable, le reboisement, opéré par la plantation de sujets serrés, à tige verticale, forte et capable de résister à la pression de la neige, non seulement diminuera les frais d'entretien dans une large mesure, mais encore augmentera considérablement la sécurité, une forêt épaisse étant un sûr préservatif contre la formation des avalanches. Mais il faut qu'elle remplisse les conditions suivantes : elle ne doit être traversée dans le sens de la plus grande pente ni par des clairières ni par des lignes ouvertes (pelouses, couloirs, laies pour le passage du bétail, etc.); les fûts doivent être assez rapprochés les uns des autres; par conséquent, la forêt ne doit pas être menée à un âge trop avancé, car, dans ce cas, d'une part, le trop grand écartement des arbres faciliterait le départ de la neige dans leurs intervalles, et, d'autre part, leur âge avancé, joint à leur état d'isolement, leur ferait perdre toute chance de résister.

« Les espaces couverts de bois rabougris, d'aunes, de jeunes hêtres, etc., favorisent la formation des avalanches par suite de leur souplesse; le plus souvent, ces arbres, une fois courbés, ne se relèvent pas.

« Dans les vallées des Alpes, on trouve beaucoup de vieilles forêts en défends, dites *de protection*, destinées à empêcher la formation des avalanches, ou du moins à atténuer leurs effets. Les arbres trop âgés, ou présentant une force d'enracinement douteux, devraient être partout enlevés et remplacés par un repeuplement intensif. Bien qu'il présente des difficultés, un *rajeunissement progressif et partiel peut seul conduire au but désiré.* »

Création de forêts. — A défaut de forêt préexistante, on peut essayer du reboisement pour en créer de toutes pièces, mais on se heurte à une difficulté grave, car, pour obtenir cette forêt, il est indispensable d'arrêter le départ des avalanches, tout au moins jusqu'à l'époque où la dimension des arbres devient suffisante pour opposer une résistance efficace; faute de quoi la forêt naissante serait détruite annuellement par le glissement des neiges qui casseraient et déracineraient les plantations faites.

Travaux accessoires pour arriver à la création de forêts. — *Plantation de piquets.* — On a songé de prime abord à créer une forêt artificielle en pieux de bois ou de fer plantés sur les pentes les plus abruptes. Tschudé, dans son *Étude sur les Alpes,* assure que dans le Valais on a l'habitude singulière de clouer les avalanches au commencement du printemps en enfonçant des pieux à la source des courants de neige, sur les pentes escarpées d'où les neiges se détachent au moment de leur fonte. Mais ce procédé, essayé en grand dans le ravin du Theil en 1860, n'a donné que de mauvais résultats, et finalement on a reconnu l'inanité de tous les travaux autres que les banquettes ou les plates-formes préconisées dès 1839 par le capitaine du génie de Verdal, dans son *Mémoire sur les avalanches et sur les moyens de les prévenir.*

Murs ou barrages. — Nous en extrayons le passage suivant :

«Le 3 février 1839, vers 5 heures du matin, une avalanche volante considérable, précédée d'un coup de vent très violent, s'abattit sur le bourg de Barèges. Plusieurs maisons furent renversées et écrasées, soit par la trombe d'air, soit par le choc de la masse de neige. Des portes fermées hermétiquement et avec beaucoup de solidité furent enfoncées et projetées au loin, et des fers fortement scellés dans la maçonnerie furent tordus et arrachés; une partie de la toiture de l'hôpital militaire fut enlevée. Au milieu de ces désastres, plusieurs maisons, protégées par des contreforts en ma-

çonnerie, ont résisté, bien qu'elles eussent reçu le choc de l'avalanche.

« Choisissons parmi les contreforts qui sont restés debout celui qui a été soumis à la force la plus directe, celui dont la maçonnerie est en moellons, chaux et sable; n'oublions pas, d'ailleurs, que nous avons les effets du phénomène dans sa plus grande violence et nous pourrons avoir une mesure sinon exacte, du moins suffisante de l'obstacle à lui opposer.

« Le contrefort de la remise du sieur Bernatot a les dimensions suivantes : hauteur du pignon, 8 m. 5o; longueur, 9 mètres; épaisseur, 2 m. 5o. Il en résulte évidemment, puisque, je le répète, le choc le plus fort et le plus direct a eu lieu sur cette remise, qu'une muraille de même nature, de même hauteur, de même épaisseur et s'étendant sur tout le développement de l'éventail de la neige, n'aurait pas été renversée et que, par suite, l'avalanche aurait été arrêtée, car la hauteur de la neige, dans la position de la remise, ne s'est pas élevée au-dessus du point culminant du pignon.

« Mais admettons, ce qui est d'ailleurs certain, que les dimensions citées n'ont pu être prises d'une manière exacte à cause de l'encombrement des lieux : il est clair que plus tard il nous sera facile de connaître dans tous leurs éléments les constructions qui ont résisté à l'avalanche. Nous pourrons calculer alors quelle serait l'épaisseur X à donner à un mur de même longueur, de même nature, mais d'une hauteur différente représentant le maximum d'élévation Y de la neige après la chute, pour qu'il ait le même moment de stabilité que le contrefort déjà éprouvé. Dès lors, les raisonnements que nous présenterons avec une épaisseur que nous sommes sûr être plus grande que celle X trouvée par le calcul, n'auront rien de hasardé.

« On peut se convaincre : 1° par l'inspection de la toiture de l'hôpital déchirée horizontalement; 2° par l'inclinaison du plateau et par la hauteur des combles des maisons placées au milieu de la

2.

neige, que la hauteur de l'avalanche ne dépasse pas 9 mètres et que la trombe n'agit pas à une élévation plus grande.

« Ainsi, dans notre étude de projet, nous pouvons prendre pour l'épaisseur X, 3 mètres, et pour hauteur maximum Y, 9 mètres. Nous avons tenu compte de l'appui des murs latéraux, quelque faibles qu'ils soient.

« Quand nous pourrons prendre exactement les dimensions, nous donnerons la véritable valeur de X ; celle énoncée plus haut est un peu trop forte.

« Nous poserons donc en toute assurance cette proposition : .

« L'avalanche au point le plus bas de sa course, lorsqu'elle a acquis son maximum de volume et de vitesse, est arrêtée par une muraille en maçonnerie de moellons, chaux et sable de 8 m. 50 de hauteur, de 3 mètres d'épaisseur et d'une longueur indéterminée.

« La trombe d'air qui précède les chutes les plus formidables et qui est, comme nous le savons, occasionnée par elle, ne peut rien contre une pareille construction.

« N'est-on pas conduit à admettre que des digues de 3 mètres d'épaisseur placées dans le ravin, interceptant entièrement et à diverses hauteurs cette route obligée de l'avalanche, le réceptacle de toutes les neiges qui sont projetées dans les vallées, arrêteraient cette masse divisée par elles et dénuée de toute vitesse, lorsque la hauteur n'est que de 3 ou 4 mètres au plus ?

« Une digue placée à 40 mètres en arrière de la naissance du plateau retiendrait dans le ravin celles qui s'y amoncelleraient et arrêterait le cours des masses précipitées des hauteurs.

« Cette digue de 3 mètres d'épaisseur dépasserait en élévation le ravin et le barrerait dans toute sa largeur. Pour permettre le passage aux eaux provenant des pluies ou de la fonte des neiges, elle serait percée de plusieurs ouvertures à des hauteurs différentes.

« Je crois, d'après la quantité d'eau qui s'écoule par le ravin dans les temps pluvieux, que celles indiquées suffiraient (ce sont cinq aqueducs dont la section est un demi-cercle de 1 mètre de diamètre). Il serait d'ailleurs facile d'empêcher qu'elles ne soient obstruées par la neige ; la chute des rochers est peu à craindre, puisque la brèche ne s'est pas notablement agrandie depuis un temps immémorial. Pour ôter le cours à l'eau, il lui faudrait des dimensions telles, que le sol serait déchiré sur une grande étendue.

« Si l'on craignait que la solidité de la digue, que je regarde comme bien suffisante pour s'opposer à l'avalanche naissante, ne fût compromise par l'existence de ces arceaux, on pourrait ajouter des contreforts.

« La hauteur de 10 mètres au-dessus du terrain est convenable parce que, d'après le volume des deux avalanches qui ont encombré le centre et la partie inférieure du bourg, on peut conclure que le ravin n'était pas comblé lors de la chute, car ce volume ne dépassait pas 100,000 mètres cubes et le ravin était entièrement balayé.

« N'ayant pu explorer les lieux, je ne saurais indiquer ce qu'il faudra faire pour les fondations ; mais tout me porte à croire qu'il n'y aurait point de difficultés.

« Il est bien entendu que toutes ces dimensions de barrages seraient modifiées par l'expérience ; il est urgent, pour un premier essai, qu'elles soient un peu au delà de la force nécessaire.

« Quelques autres digues semblables seraient élevées dans le fond du ravin à distances respectives inférieures à 300 mètres, l'expérience ayant démontré que leur action ne s'exerce pas au delà de cette distance.

« Des obstacles de moindres dimensions seraient placés sur le versant dans la direction et dans une petite brèche voisine.

« Quand on réfléchit aux conséquences d'un pareil travail, tout dans l'intérêt de l'humanité, on a lieu de croire que le Gouvernement n'hésiterait pas à l'entreprendre, s'il y voyait quelques chances de succès. Chaque année il consacre des sommes énormes à la réparation des voies qui conduisent à Barèges ; se refuserait-il à faire une dépense si faible comparativement pour assurer l'existence de Barèges même, de ces bains qui ont acquis tant de titres à sa bienveillance? Non, certes, et la vallée qui, maintenant, se lève au printemps souffreteuse et meurtrie, pouvant à peine réparer le mal dont l'hiver l'accable, devenue bientôt vigoureuse et confiante, lui rendrait par son travail et par son industrie les dons qu'il lui aurait faits.

« L'homme resta longtemps impuissant contre la fureur des flots : ses premiers efforts furent peut-être infructueux, mais il trouva dans sa défaite même le secret de sa victoire.

« La lutte contre les avalanches n'a pas encore été essayée; jusqu'à ces derniers temps, on ne lui opposait que de faibles barrières que leur souffle détruisait. Au lieu de grandir avec elles, les obstacles élevés par la crainte diminuaient de puissance; mais enfin de solides murailles ont paru et elles ont résisté.

« Il appartient au Comité du Génie de continuer cette résistance, qui assure la conservation d'un des établissements thermaux les plus importants de l'Europe. Dans cette question apparaissent, élevés au plus haut degré, les deux mobiles qui le font toujours agir : l'utilité publique et la gloire. »

Une commission spéciale, nommée en 1859 seulement, détermina nettement l'objet immédiat des travaux à exécuter [1].

1° Prévenir l'amoncellement des neiges sous l'action des vents;

2° Diviser le lit du ravin principal en tronçons indépendants les uns des autres par des obstacles susceptibles de fixer les neiges et de couper leur continuité.

Le but définitif à atteindre étant la protection de l'établissement militaire, les travaux d'art furent confiés au corps du Génie, le reboisement du sol au Service forestier.

Après expérience faite, les deux services se sont définitivement arrêtés aux barrages et banquettes d'une part, aux plantations en potets et en banquettes de l'autre.

---

[1] *L'extinction des torrents en France par le reboisement* (P. Demontzey). Extraits de la notice sur le torrent du Theil, près Barèges.

Les barrages sont construits en maçonnerie de pierre sèche, à l'exception du grand barrage n° 10, dont les parements amont et aval sont maçonnés au mortier hydraulique sur une épaisseur d'un mètre. Ils présentent une grande analogie avec ceux qui sont en usage pour la correction des torrents, sauf toutefois que, souvent, les ailes ne sont pas encastrées profondément dans le sol.

Les ouvrages de cette sorte coupent un thalweg en tronçons indépendants et forment autant de crans d'arrêt contre le glissement. La poussée maxima qu'ils ont à supporter doit être calculée en fonctions du poids maximum de la neige qui s'amasse à l'amont, et de la pente du terrain. Mais on peut observer, de prime abord, que si l'avalanche en mouvement développe une force vive à peu près irréductible, il est, au contraire, relativement facile d'entraver le mouvement initial.

Banquettes. — C'est sur cette même observation qu'est basé le système des banquettes que l'on dispose, sur les versants et couloirs secondaires particulièrement exposés au glissement des neiges, en bandes horizontales alternes et brisées, de 4 à 5 mètres de longueur. Leur largeur, qui varie suivant la pente, est toujours telle, qu'on n'ait pas à entailler le sol en déblai au delà de o m. 5o de profondeur à l'amont ; leur espacement est établi en raison inverse de leur largeur. En disposant les banquettes de façon à occuper environ un sixième de la superficie du terrain, on est assuré d'obtenir d'excellents résultats.

Dans l'exécution du travail, on opère de façons différentes selon l'état superficiel du sol. S'il est couvert de gazon épais et feutré, on entaille ce gazon à la houe sur les faces supérieures et latérales de la banquette, on soulève par un mouvement d'ensemble la longue plaque ainsi détachée et on la dispose de façon à former un bourrelet continu à l'aval ; si le gazon est clairsemé, on le découpe par plaques que l'on entasse en cordon également à l'aval de la banquette. Dans un cas comme dans l'autre, le bourrelet ainsi formé soutient les terres du déblai et permet de donner à la plate-forme un dévers prononcé vers l'amont. Si le sol est complètement nu, la banquette est entièrement établie en déblai.

Ces plates-formes ont le double avantage d'ancrer les premières neiges au sol et de permettre le reboisement de certains couloirs et versants que le glissement annuel des neiges rendrait complètement impropres à ce genre de travail.

Les bons effets de ces banquettes ont été dûment constatés, il y a déjà plusieurs années. S'il se produit quelque avalanche sur les terrains ainsi traités, elle est toujours superficielle et de neige sur neige, en sorte qu'elle ne racle jamais le sol.

Les dernières banquettes exécutées par le Génie militaire dans le bassin du Theil en 1888 et 1889 affectent la même disposition que celles ouvertes par le Service des eaux et forêts. Elles en diffèrent par la largeur de la plate-forme, qui est généralement portée à 1 m. 20, au maximum, partie en déblai, partie en remblai, le remblai étant soutenu par un mur de pierres sèches. Ces ouvrages seraient d'une efficacité supérieure à ceux du Service des eaux et forêts si les murs de soutènement étaient solidement maçonnés. Mais il faut remarquer que l'établissement de semblables maçonneries serait le plus souvent fort dispendieux. Ce qui fait qu'on se contente de maçonneries légères; de là un écueil.

Boisement. — Le boisement du sol empêche le vent de soulever les neiges et s'oppose à leur glissement. A ce double titre, il avait sa place marquée dans le système de correction à adopter contre les avalanches. On peut même dire que les ouvrages d'art n'étaient que des correctifs transitoires, destinés à agir durant un nombre d'années limité et à permettre d'élever la forêt qui, seule, pourrait mettre définitivement Barèges à l'abri des avalanches.

Il fut donc décidé, dès 1859, qu'on reboiserait, dans le plus bref délai, non seulement le bassin du Theil, mais les crêtes, plateaux et versants avoisinants.

Depuis, un décret de février 1863 donna plus d'extension à ce premier projet en déclarant d'utilité publique le reboisement, sur 250 hectares, des zones moyenne et supérieure de l'ensemble du versant situé en face de Barèges, sur la rive droite du Bastan.

Ce travail fut entrepris dès 1864. Divers procédés et différentes essences ont été successivement employés, qui ont péremptoirement démontré les difficultés d'une semblable entreprise et la lenteur du succès. Le versant à reboiser s'étend de 1,400 à 2,300 mètres d'altitude; il est exposé au sud et le climat y est excessif. Le sol, léger et peu profond, se soulève fortement par les alternatives du gel et du dégel quand il est mis à nu, et s'échauffe à l'excès sous l'action du soleil.

Dans ces conditions, il était naturel de préférer la plantation au semis; elle a généralement donné de meilleurs résultats.

Les résineux, le pin à crochets notamment, ont également donné un boisement plus prompt que les feuillus, hêtre et chêne, qui, d'ailleurs, n'ont pas été employés au-dessus de 1,650 mètres.

Le hêtre, en bas, et le mélèze, en haut, paraissent destinés néanmoins à devenir les essences principales du reboisement définitif de ce versant.

Les maladies cryptogamiques qui envahissent le pin à crochets, et le bris de ses branches par le poids des neiges donnent trop fréquemment des mécomptes pour qu'on puisse fonder des espérances de longue durée sur cette essence.

Un fait à noter, qui révèle péremptoirement l'action funeste des amoncellements de neiges sur les reboisements, c'est que les terrains hérissés d'obstacles, certaines crêtes de la zone moyenne, les versants d'où le vent chasse les neiges, présentent aujourd'hui des peuplements assez complets.

Tournes. — Dans son ouvrage sur *le mont Blanc*, Viollet-le-Duc recommande encore l'usage de *tournes* pour prévenir les avalanches.

Ces tournes sont constituées par un massif en maçonnerie de 2 à 3 mètres de hauteur, ayant en plan une forme triangulaire. Elles sont placées de façon que l'avalanche arrivant sur un des angles du triangle soit divisée et déviée de sa route primitive.

En Savoie, on les emploie aux points de chute des avalanches pour protéger des chalets et des fermes. Leur action est très efficace dans ce rôle; Viollet-le-Duc voudrait qu'on les utilisât encore « là où les avalanches s'accumulent pour descendre en masses formidables dans les couloirs. Les neiges, dit-il, ne se précipitent dans ces couloirs que parce qu'elles trouvent au-dessus le lit moutonné, poli, d'un ancien glacier, lit dépourvu d'aspérités. Il suffit généralement de quelques obstacles pour les arrêter dans leur course, au moment où elles commencent à se mettre en mouvement.

« Ces tournes peuvent n'avoir, dans la plupart des cas, que 2 à 3 mètres de hauteur à l'éperon, au-dessus du profil de la pente, et l'on doit tenir leur surface supérieure plus ou moins déclive en raison de cette pente.

« Elles ne sauraient arrêter une avalanche au milieu de sa course, mais elles résistent à son glissement initial bien mieux encore qu'à l'effort terminal à fin de course, lequel ne peut jamais être connu exactement.

« Toutefois, les points où elles doivent être établies, dans les larges entonnoirs qui surmontent les cônes de déjection, demandent à être marqués par un bon observateur. Leur conservation et leur effet préventif dépendent du choix de ces points. »

Nous ne connaissons aucune application de cette conception de Viollet-le-Duc. Toutefois, il peut se rencontrer telle circonstance où elle pourrait être avantageusement utilisée. On observera seulement que, comme il ne s'agit plus de détourner une avalanche à fin de course, mais d'empêcher le glissement des neiges, ces tournes pourront affecter en plan toute autre forme que celle d'un triangle, et si on leur maintient cette forme, il est indiqué que c'est l'une des bases du triangle qui devra faire face au mouvement de la neige et non plus l'un des angles.

Les travaux destinés à empêcher la production des avalanches ne se justifient d'ailleurs que dans des cas spéciaux, pour la protection des habitants, de leurs demeures et des voies de communication.

D'une façon très générale, on peut dire qu'il y a plutôt avantage à laisser les avalanches se produire ainsi que nous l'avons exposé précédemment. La neige ainsi rassemblée dans les vallées et les ravins de la montagne sert, aux hautes altitudes, à alimenter les glaciers et contribue, avec celle qui est chassée par le vent ou qui tombe directement, à les maintenir à un niveau à peu près constant.

Influence des avalanches sur le régime torrentiel. — Mais quand ces avalanches s'étendent jusqu'à des régions moins élevées et viennent obstruer le lit de torrents en activité, elles peuvent être la cause de graves dangers, tant par la quantité d'eau qu'elles sont susceptibles de fournir en fondant sous l'influence d'une chaude pluie d'été, que par les débris qu'elles renferment et par la glace elle-même qui les constitue et qui peut servir d'élément à une lave. Nous en trouvons un exemple frappant dans ce qui s'est passé au mois de juillet 1895 dans le torrent de la Griaz, près de Houches, à 7 kilomètres en aval de Chamonix.

Dans un rapport en date du 6 juillet de cette année, M. Arlen, garde général des eaux et forêts, faisait ressortir qu'en amont du confluent de la Griaz et de son affluent de rive gauche, le ravin des Arandellys, le lit principal se caractérise par la présence presque continue d'une avalanche qui s'y précipite tous les ans, et dont l'épaisseur est si considérable que souvent elle n'est pas entièrement fondue au mois d'août.

Or, le 28 juin 1895, un éboulement considérable de rochers se produisait sur la rive droite du torrent, immédiatement au-dessus de l'avalanche, et blocs et pierrailles s'écroulaient sur elle avec un fracas épouvantable. Le lendemain, c'est-à-dire dans la nuit du 29 au 30 juin, après un orage, ces débris de rochers ont fourni une lave très compacte qui s'est étendue presque uniformément sur l'avalanche et l'ont creusée à sa partie inférieure, venant s'arrêter au confluent de la Griaz et des Arandellys.

Dans la journée du 30, sous l'influence d'une chaleur excessive, il s'est formé une nouvelle lave d'une extrême puissance. Celle-ci, après avoir éventré l'avalanche sur toute sa longueur, sur une largeur moyenne de 5 mètres et sur toute sa profondeur, et s'être ainsi grossie de tous les matériaux contenus dans les parties enlevées, est venue se précipiter dans l'Arve, après avoir suivi sans trop d'écart le cours ordinaire de la Griaz.

Après cette deuxième lave, il restait encore au pied même de l'arrachement, ainsi que sur l'avalanche, une grande partie des matériaux tombés le 28. D'autre part, on pouvait estimer aux 3/10 de la masse totale de l'avalanche la partie qui avait été enlevée par les crues, et par conséquent aux 7/10 ce qui restait encore à fondre.

Il devenait à craindre que si cette fusion était activée, soit par une pluie d'orage, soit par une pluie persistante, il ne se produisît une lave formidable.

Dans ce rapport du 6 juillet (nous insistons sur la date), M. Arlen concluait :

« D'après l'état des lieux au 3 juillet, il serait à craindre ou que la lave ne se déverse sur le village des Houches directement ou qu'elle ne provoque dans l'Arve la formation d'un lac momentané.

« De ce qui précède, il résulte qu'il ne paraît pas possible, en cas de pluie, d'éviter la formation d'une lave, et que le danger résultant d'une lave due à l'avalanche persistera tant qu'elle ne sera pas entièrement fondue et que le lit du torrent ne sera pas débarrassé de la plus grande partie des matériaux qui y sont tombés.

« Il conviendrait donc, durant toute cette période, d'établir une brigade de surveillance chargée, en cas de danger, de prévenir les intéressés et de prendre en même temps toutes les dispositions possibles pour empêcher le débordement de la lave dans les villages et hameaux voisins, et d'empêcher en outre la formation d'un lac momentané au confluent de l'Arve et de la Griaz. »

Ces craintes n'étaient que trop fondées, et, dès le 31 juillet suivant, les faits venaient en donner une confirmation complète.

Dans un rapport officiel du 9 août 1895, le même agent écrit :

« Le 31 juillet, à partir de 8 heures du matin, la pluie tombe dans la vallée de Chamonix, sans interruption et par paquets.

« Vers 5 heures du soir, les laves partent dans le torrent de la Griaz et les Arandellys presque sans interruption jusqu'à 8 heures du soir. Elles se succèdent de cinq minutes en cinq minutes et partent, celle de la Griaz, du pied même du glacier, au point où se trouve l'éboulement du 28 juin. L'éboulement des Arandellys donne quatre coulées très épaisses et chargées de matériaux énormes. Elles se succèdent presque sans interruption et mettent en moyenne quinze minutes pour aller du pied de l'éboulement à l'Arve (3 kilomètres).

« Vers 7 heures du soir, le ravin des Arandellys donne lui-même une cinquième lave formée de matériaux noirs schisteux. Elle est très liquide et coule constamment sur la rive gauche.

« La crue des Arandellys, se joignant en route à celle de la Griaz, forme une lave puissante qui vient obstruer l'Arve en aval du pont des Gurres (situé sur la route départementale de Genève à Chamonix). Cette crue ne fait que resserrer le lit de l'Arve sans le barrer.

« Vers 8 heures du soir, une autre lave venant de la Griaz jette une première digue de cailloux dans l'Arve, et la formation d'un lac commence.

« La pluie ne cesse de tomber à ce moment. La Griaz charrie continuellement des matériaux qu'elle prend dans son lit de déjection et qu'elle précipite dans l'Arve.

« A minuit, une crue plus forte exhausse la digue déjà formée et entraîne le parapet de la route départementale de Genève à Chamonix.

« A 3 heures du matin, c'est-à-dire le jeudi 1er août, une nouvelle lave de la Griaz détache un énorme rocher qui servait d'appui à la route départementale et provoque l'affouillement de la route, en enlevant les murs de soutènement.

« Dans la nuit du 2 au 3 août, deux crues se produisent encore dans la Griaz : une à minuit, l'autre à 4 heures du matin. Cette dernière barre définitivement l'Arve au moyen de blocs énormes. L'eau dépasse, à ce moment, la clef de voûte du pont des Gurres, et deux parapets de la route sont complètement enlevés.

« La pluie continue toujours à tomber sans interruption ; mais ni la Griaz ni les Arandellys ne donnent plus de lave et les eaux arrivant presque pures dans le lit de déjection l'affouillent constamment.

« Au 6 août, vers la fin des pluies, le torrent de la Griaz avait creusé dans son lit de déjection un canal de plus de 8 mètres de hauteur moyenne sur 12 mètres de large, et sur près de 2 kilomètres de longueur. »

L'effet des avalanches sur le régime torrentiel n'est cependant pas toujours identique. Si le lit des torrents où elles s'arrêtent est à une altitude assez élevée (au-dessus de 1,700 mètres environ) pour que la température moyenne reste toujours basse, elles servent plus souvent à arrêter les laves en formation qu'à les provoquer ou les augmenter.

Tel est le cas du ravin de la Besse, affluent du torrent de Saint-Martin-la-Porte, en Savoie. La neige accumulée tous les hivers au fond du lit forme une sorte de vaste plaine sur laquelle débouchent assez fréquemment des laves provenant d'un bassin de réception constitué à peu près uniquement d'immenses versants très escarpés, entièrement dénudés et dans lesquels le gypse domine.

La lave, fortement resserrée entre des berges très rapprochées, arrive subitement sur la vaste plaine que forme l'avalanche. Elle s'épanouit, s'étale et perd ainsi la majeure partie de sa force. De plus, l'eau qui lui donnait la fluidité suffisante pour lui permettre de couler, est absorbée très rapidement par la neige restée poreuse, et faute de ce véhicule les matériaux s'arrêtent.

Au cours de nos tournées dans les Alpes, il nous a été donné fréquemment de remarquer un phénomène analogue, mais seulement aux hautes altitudes et quand le volume de la lave déjà formée n'était pas très considérable.

Des glaciers. — On a déjà vu que le névé se transformait peu à peu en glace compacte, sous l'influence des agents atmosphériques, pour donner naissance aux glaciers.

Le monde des glaciers a l'aspect général d'une mer immense surprise et saisie par le froid, qui s'élance çà et là sur les épaules étroites des plus hauts pics, s'étend à son aise sur de vastes hauts plateaux, descend parallèlement dans d'étroites vallées, se partage en mille bras de grandeurs différentes et se termine presque toujours au milieu de la fraîche verdure des prairies, où elle semble arrêtée et suspendue par quelque puissance magique. Cette inégale distribution des glaciers a la plus grande influence sur la vie organique, à laquelle ils sont bien plus funestes que la neige. Celle-ci recouvre et protège de mille manières le germe de la végétation, le souffle de la vie animale; le glacier les tue sans pitié. Il ne réchauffe pas le sol; il sape, il balaye tout tapis végétal; si quelques semences tombent dans son sein, elles périssent bien souvent avant d'arriver jusqu'à la moraine où elles trouvent une maigre nourriture.

La glace des glaciers diffère de la glace ordinaire par sa structure et par sa composition. Au lieu de se composer, comme celle-ci, d'une masse transparente et homogène, elle présente des couches stratifiées, sillonnées de bandes rubannées bleues et blanches, et, considérée de près, elle n'est qu'une agglomération de grains plus ou moins distincts entre lesquels circulent des fissures capillaires à peine visibles et des bulles d'air à fines cellules rondes ou aplaties. Ces fissures pénètrent de leur réseau délié toute la profondeur du glacier et y introduisent une grande quantité d'eau. Si on expose à une température un peu chaude un morceau de cette glace, le réseau capillaire se dessine bientôt plus nettement, les granulations se séparent peu à peu, et enfin la pièce solide n'est plus qu'un monceau de grains. Dans la région supérieure du glacier, ceux-ci sont beaucoup plus fins que vers le bas, où ils ont souvent 2 à 3 centimètres de diamètre, en sorte qu'à mesure que l'on descend le fleuve de glace, un changement graduel s'opère dans sa masse. Suivant Hugi, il faut en rechercher la cause dans ses rapports intimes avec l'atmosphère, dont il absorbe l'humidité et dans laquelle il dégage les parties gazeuses de sa substance.

En définitive, la masse glaciaire est une agglomération de grains rangés par couche, traversée par des bulles d'air et un réseau de fibres capillaires excessivement fin, ramifié à l'infini, par lequel l'eau s'infiltre et circule, en été, jusque dans la profondeur du glacier; en hiver, elle s'y gèle et lui rend ainsi en volume ce qu'il a perdu par l'évaporation et la fonte de sa surface.

Les glaciers sont toujours en mouvement et se portent incessamment vers leur base; aussi, suivant le degré de rapidité de cette progression, ils s'entr'ouvrent en crevasses plus ou moins grandes, quelquefois immenses, charrient sur leur dos des remparts de débris, rejettent au loin les corps étrangers qui sont tombés sur leurs surfaces et forment souvent, suivant les caprices de la fonte, ou plutôt la diversité infinie de ses lois, des pointes fantastiques, des crochets, des colonnes, des obélisques, des roses glaciaires, des aiguilles, enfin des figures de tous genres et quelquefois infiniment gracieuses. On a calculé que, chaque année, le glacier des Bossons descend de 164 mètres.

L'échelle laissée par de Saussure, en 1788, près de l'Aiguille Noire, arriva, en 1832, dans la zone des moulins sur la mer de

Glace, c'est-à-dire que dans le cours de quarante-quatre ans, elle avait parcouru avec le glacier un espace de 4,400 mètres.

Cette vitesse est d'ailleurs variable dans un même glacier, suivant que l'on considère les bords ou le milieu, sans qu'il soit possible de fixer de règle générale.

Le mouvement général de cette masse, à moitié solide, à moitié liquide, provient sans doute en partie de la pression énorme qu'elle subit d'en haut, et qui la force à descendre, même sur des pentes très faibles, surtout quand le sol, les pierres, les débris réchauffés en été, la creusent en dessous; mais il faut en chercher la cause principale et déterminante dans la transformation incessante que la condensation et la dilatation des bulles d'air et de l'eau contenues dans les fissures capillaires opèrent dans l'agglomération des grains dont se compose la masse glaciaire.

Le mouvement général est variable avec les glaciers, mais il arrive toujours un moment où une masse de glace partant du névé, atteint la base où elle se dissout. Il n'y a donc pas plus de glaciers *éternels* que de neiges *éternelles*. La rapidité de la fonte à l'extrémité inférieure dépend naturellement de l'altitude et varie ainsi à l'infini. Au glacier de Montanvert, il fond 60 mètres et aux Bossons 135 mètres par an.

La transformation continuelle du glacier, son mouvement inégal et la tension qui en résulte, joints à la grande inégalité de son lit, produisent le crevassement de sa masse, qui a lieu le plus souvent en sillons allongés et transversaux, quelquefois, mais rarement, en trous arrondis et descendant jusqu'au fond.

De chaque glacier s'échappe un torrent d'eau qui est le produit de la fonte de la glace, ainsi que des sources avoisinantes et des eaux amassées dans les crevasses de rochers. A la base du glacier, le torrent creuse souvent une voûte et des souterrains de glace de 30 à 40 mètres de haut sur autant de large.

Dans les grands glaciers, la fonte forme souvent des ruisseaux périodiques extrêmement abondants, qui, parfois, jaillissent tout à coup au milieu d'une mer de glace, tourbillonnent avec fracas et disparaissent à peu de distance dans un entonnoir qui les engloutit et les conduit jusqu'au fond même du glacier. On y rencontre aussi des trous ou bassins d'une belle couleur azurée, fermés à leur base et qui forment de petites lagunes où se ramasse l'eau de fonte. D'autres trous, par contre, restes d'anciennes crevasses, s'enfoncent si bas, qu'ils donnent une juste idée de la profondeur de la masse.

Suivant les années, les glaciers avancent ou reculent. Après des hivers neigeux et des étés humides, ils descendent jusque dans les prairies et renversent parfois des chalets et des étables; si, au contraire, la température leur est défavorable, ils fondent rapidement et remontent vers leur source, laissant à nu des espaces quelquefois considérables, et qui peuvent atteindre plus d'un kilomètre de longueur. A notre époque, ces oscillations ne semblent pas modifier, en définitive, l'importance des glaciers. Il est cependant certain, d'après l'existence des vastes moraines qui sillonnent la vallée de l'Arve, que le glacier du mont Blanc s'étendait autrefois jusqu'à Genève [1].

Les moraines se présentent sous forme de dépôts de matériaux atteignant souvent une grande hauteur, qui enserrent à la base le front et les côtés d'un glacier. Tout ce qui tombe sur le glacier, tout ce qu'il arrache aux parois de son lit aboutit, en fin de compte, sur les moraines latérales ou frontales.

Suivant ses mouvements d'avancée ou de recul, un même glacier peut avoir plusieurs moraines frontales. Elles indiquent alors ses différentes étapes, dans ses oscillations quelquefois séculaires.

La transformation incessante de la glace et du névé, sa fusion superficielle qui peut varier, suivant l'altitude, de quelques centimètres jusqu'à 10 mètres et plus, qui à 3,200 mètres est encore supérieure à 2 mètres par an, son mouvement continu de l'amont vers

---

[1] Toutes les observations sur les glaciers sont empruntées à l'excellent ouvrage de Tschudi, *les Alpes*.

l'aval qui atteint quelquefois près de 200 mètres par an, suffisent à expliquer que tout ce qui tombe dans le glacier aboutit finalement à son extrémité et s'y dépose sous forme de moraine.

Le torrent glaciaire simple. — La quantité de matériaux détachés par l'action du gel et du dégel (presque journalière dans ces régions) des escarpements rocheux qui dominent généralement et enserrent la plupart des glaciers est considérable.

D'autre part, le fond du lit, soumis à l'action d'une pression énergique et d'un frottement longitudinal continu, abandonne également des parties de roc et des parcelles de sable. Tant que le dégel n'est pas considérable, que le torrent qui sort en mugissant du glacier a son débit normal, la moraine n'est pas entamée et s'accroît journellement. Mais arrive le moment des fortes chaleurs, le volume des eaux grossit subitement, surtout quand un vent chaud vient joindre son action à celle du rayonnement solaire. Le sable est d'abord enlevé, puis la moraine attaquée laisse écrouler les pierres et pierrailles qui la constituent et que la violence des eaux entraîne rapidement.

Il ne se produit ici aucun phénomène de transport en masse, aucune lave, comme les orages en provoquent fréquemment dans les torrents ordinaires. Les pierres et pierrailles simplement entraînées par l'eau roulent au fond d'un lit à forte pente et s'y déposent ensuite suivant la loi connue du triage des matériaux : les plus gros les premiers.

Ces dépôts, annuellement renouvelés pendant la période des chaleurs, provoquent la formation de véritables cônes de déjection, qui s'élèvent peu à peu au-dessus du fond des vallées et ne permettent pas à l'eau de se créer un lit immuable.

Si, à un moment donné, les matériaux de la moraine sont trop volumineux pour être entraînés, les eaux affouillent dans leurs anciens dépôts et y creusent un lit; mais en fort peu de temps, les crues aidant, ce lit, de nouveau obstrué, oblige les eaux à divaguer à droite ou à gauche et souvent à se jeter au milieu des propriétés cultivées.

Ce phénomène, très général dans la vallée de Chamonix, au pied du mont Blanc, enlève à la culture un nombre considérable d'hectares de bonnes terres, susceptibles d'atteindre une grande valeur. Il n'est pas rare de voir dans cette région se réaliser des ventes amiables au taux de 8,000 à 10,000 francs par hectare, tant est faible l'étendue du terrain cultivable et grand le nombre des acquéreurs.

Pour se protéger contre les incursions des crues des torrents glaciaires, les habitants laissent en effet un lit assez large au torrent, et créent tout à l'entour une forêt d'aunes qui s'étend quelquefois depuis la base du glacier jusqu'à l'Arve. Le rôle de la forêt, maintenue toujours à l'état serré, et dans laquelle on ne trouve guère d'arbres âgés, est de produire tout d'abord une sorte de barrière, qui, par la résistance qu'elle oppose au passage de l'eau, provoque le dépôt des matériaux charriés et détourne ainsi automatiquement le cours du torrent. Au cas d'une crue extraordinaire renversant ce premier obstacle et se frayant un passage à travers le bois, on y trouve immédiatement des arbres à abattre pour détourner le courant et l'obliger à rentrer dans son lit.

On pourrait parfaitement éviter ces dégâts en entretenant un lit creusé artificiellement à une profondeur suffisante et curé annuellement, ainsi que cela se pratique au pied d'un grand nombre de combes, tant dans la vallée de l'Ubaye (territoires de Barcelonnette et de Faucon), que dans celle de l'Arc (territoire de Saint-Jean-de-Maurienne). La dépense de ces travaux ne serait pas bien considérable, les matériaux du curage devant simplement être rejetés sur les bords du lit, et celui-ci pouvant être fort étroit, puisque les laves n'y sont pas à craindre et que l'on n'a à lutter que contre l'entraînement par les eaux.

Il est certain que partout où la pente est suffisante, et c'est le cas presque général, on pourrait construire des radiers de glissement qui supprimeraient la dépense du curage annuel; mais leur prix de revient est si élevé, qu'on ne peut songer à les employer que dans des circonstances exceptionnelles, quand la valeur du terrain à protéger comporte de pareils frais.

Torrents glaciaires composés. — Les torrents glaciaires simples ne se produisent que quand la base du glacier qui leur donne naissance se trouve à peu près au fond de la vallée principale. Tel est le cas pour les Bossons, la mer de Glace, le glacier d'Argentière, pour ne citer que les plus importants.

Mais quand la base des glaciers se trouve à une certaine altitude et que les torrents qui en découlent ont encore à parcourir un versant de montagne avant d'atteindre la vallée, ils peuvent se grossir en route d'affluents divers qui, combinant leur action avec celle du glacier, les rendent bien plus dangereux.

Nous les distinguerons sous le nom de *torrents glaciaires composés*. Parmi eux, nous étudierons spécialement les torrents de la Griaz et de Bionnasset, qui ont donné lieu à d'importantes remarques, au cours de ces dernières années.

Le torrent de Bionnasset et le glacier de Tête-Rousse. — Dans la nuit du 11 au 12 juillet 1892, une crue soudaine du torrent de Bionnasset est venue ravager la vallée de Montjoye, en Haute-Savoie, détruisant deux hameaux et une partie importante de l'établissement thermal de Saint-Gervais-les-Bains, causant la mort de plus de 200 personnes et recouvrant de blocs de rocher, de boue, de débris de toutes sortes plus de 70 hectares de terrains en culture.

Dans un rapport officiel en date du 16 juillet suivant, M. Gerberon, garde général des forêts à Annecy, écrivait :

« La catastrophe terrible qui s'est produite a pour cause première une débâcle du petit glacier de Tête-Rousse, situé au-dessous du dôme du Goûter.

« Ce glacier, non désigné ou plutôt coté sur les cartes d'état-major, est à une altitude d'environ 3,5oo mètres; il est très escarpé et exposé au sud, se déversant naturellement dans le cirque occupé par le glacier de Bionnasset.

« Les causes de la rupture du glacier ou plutôt de son éventrement sur plusieurs points ne nous sont pas connues, mais nous croyons pouvoir dire que ce phénomène a été provoqué par l'excessive chaleur qui règne dans la région depuis plusieurs mois.

« La fonte des glaciers a été très importante et l'eau en provenant a dû être emmagasinée dans des poches énormes ou même entre la glace et la roche, une obstruction quelconque ayant pu empêcher, pendant un temps plus ou moins long, leur écoulement normal.

« Ces eaux sous pression, cherchant un écoulement, ont dû provoquer une crevasse ou même éventrer le glacier en plusieurs points. . . .

« L'eau provenant du glacier, les névés et les blocs de glace arrachés de ses flancs, se sont alors précipités avec violence, étant donné l'escarpement du versant, sur la moraine latérale droite du glacier de Bionnasset et l'ont profondément entamée.

« Dès ce moment la crue était formée. Les matériaux de cette moraine latérale étant entraînés, la partie inférieure droite de la moraine frontale du glacier de Bionnasset a été à son tour entamée.

« Cette lave déjà dense, formée de glace, de boue, de galets et de blocs de dimensions respectables, en débouchant dans le lit du torrent de Bionnasset, a provoqué l'érosion des berges auparavant gazonnées et boisées.

« Les profils en travers ont été non seulement considérablement élargis, mais, en outre, le profil en long a été affouillé profondément.

« Le lit du torrent de Bionnasset était rempli de blocs erratiques nombreux et parfois même énormes; un certain nombre d'entre eux cubaient de 1oo à 2oo mètres cubes. Avant la débâcle, l'eau coulait paisiblement et généralement limpide à travers ces blocs.

En un mot, Bionnasset n'avait du torrent que le nom et pouvait être considéré comme un ruisseau paisible et nullement dangereux.

« A cette source de matériaux, en équilibre instable, est venue s'ajouter une masse énorme et dangereuse. Une grande quantité d'épicéas de toutes dimensions et généralement de 1 m. 10 à 1 m. 50 de tour, arrachés des berges bien boisées, ont été déracinés par la lave et entraînés par elle dans des gorges parfois rocheuses, très resserrées et escarpées.

« Les blocs et les arbres charriés ont formé successivement une série de barrages momentanés. La rupture de ces nombreux engorgements a été, comme toujours, désastreuse, car les coups de bélier et la projection des matériaux en avant a entraîné des arbres et des blocs de berges qui, sans cela, auraient été à l'abri de la crue... »

Trois jours plus tard, c'est-à-dire le 19 juillet, MM. J. Vallot et A. Delebecque ont fait l'ascension du glacier de Tête-Rousse et pu vérifier sur place l'exactitude des renseignements fournis par le rapport qui précède.

Voici en quels termes ils rendent compte à l'Académie des sciences, dans une communication du 25 juillet, du résultat de leurs observations :

« A la base de l'aiguille du Goûter se trouve le petit glacier de Tête-Rousse, formant un plateau presque horizontal. L'extrémité de ce glacier s'avance, sans surplomb, sous une inclinaison de 40 degrés entre deux arêtes convergentes, terminant le bassin de réception, au-dessous duquel se trouve un couloir rocheux escarpé.

« Nous avons reconnu que la partie frontale de ce glacier avait été enlevée, laissant à sa place un espace demi-circulaire, limité en amont par une muraille de 40 mètres de haut, dont l'inclinaison se rapproche beaucoup de la verticale. A la base de cette paroi s'ouvre, dans la glace même, une caverne de forme lenticulaire, parfaitement visible de divers points de la vallée de l'Arve, et mesurant 40 mètres de diamètre sur 20 mètres de hauteur. Cette caverne communique, par un couloir encombré de blocs de glace, avec une cavité cylindrique à ciel ouvert, à parois verticales, résultant de l'effondrement sur place d'une partie du glacier. L'existence de cette dernière cavité, mesurant 80 mètres de long sur 40 mètres de large et 40 mètres de profondeur, n'avait pas été soupçonnée.

« L'examen de ces deux cavités nous a montré, en maints endroits, des parois de glace polie et transparente qu'on ne rencontre jamais dans les glaciers à cette altitude, et qui prouvent d'une manière certaine un contact prolongé avec l'eau. La forme de la première caverne, libre de glaces, rappelait, par ses concavités polies, celle des marmites de géants.

« Notre opinion est que, par l'accumulation des eaux du glacier, un lac intérieur s'est formé entre les deux arêtes rocheuses convergentes, à la faveur de seuils rocheux dont l'un est parfaitement visible au-dessous du glacier. (Un lac analogue et dans la même position existe à ciel ouvert, au Plan-de-l'Aiguille, au-dessus de Chamonix.) Cette eau, augmentant sans cesse, peut avoir miné peu à peu la croûte de glace qui recouvrait la cavité supérieure; la voûte, devenant trop faible, s'est alors effondrée, exerçant sur l'eau une pression énorme qui a rompu et projeté violemment la partie inférieure du glacier. Peut-être même la simple pression de l'eau accumulée a-t-elle pu, à un moment donné, occasionner cette rupture.

« Ainsi s'explique la quantité d'eau considérable qui s'est précipitée d'un seul coup dans la vallée, emportant sur son passage la terre des rives et formant la boue liquide qui s'est répandue dans les parties basses.

« Cette eau a emporté avec elle toute la partie inférieure du glacier, qu'elle avait arrachée et projetée en avant pour s'ouvrir un passage. Quant au plafond du cirque d'effondrement, il paraît être resté à peu près entièrement au fond de la cavité, remplaçant l'eau du lac souterrain.

« Parmi les rares blocs qui sont restés dans le voisinage, nous en avons remarqué quelques-uns formés d'une boue stratifiée glacée, qui n'a pu se déposer qu'au fond d'un lac.

« En présence de l'existence certaine d'une masse d'eau considérable, l'hypothèse d'une simple avalanche de glace doit être écartée; la faiblesse de la pente et la largeur de la vallée au-dessous du mont Lachat ne permettant pas, d'ailleurs, à des matériaux solides de continuer leur route.

« D'après nos mesures, la quantité d'eau fournie par l'effondrement supérieur est d'environ 80,000 mètres cubes, auxquels il faut ajouter 20,000 mètres cubes pour la grotte d'entrée et de 90,000 mètres cubes de glace arrachée à la partie frontale du glacier, ce qui forme un total de 100,000 mètres cubes d'*eau* et 90,000 mètre cubes de *glace*. On comprend facilement les effets destructeurs d'une pareille avalanche.

« Il est probable que ce lac sous-glaciaire, qui résulte de la configuration des lieux, se reformera peu à peu. Le remède consisterait à faire sauter les seuils rocheux, de manière à ménager un écoulement à l'eau de fusion du glacier; mais ce serait une opération fort difficile.

« De pareilles formations ne sont heureusement guère à craindre dans d'autres localités, les grands glaciers ayant une marche beaucoup trop rapide pour permettre à l'eau de s'accumuler, et les glaciers supérieurs s'arrêtant d'habitude à une moraine perméable. »

Les constatations matérielles que nous devons à l'intrépidité de MM. Vallot et Delebecque présentent le plus grand intérêt, d'autant qu'elles ont été faites sur place, immédiatement après la catastrophe.

Il semble toutefois hors de doute que, dans certains cas, les grands glaciers, qui ont une marche beaucoup plus rapide que celui de Tête-Rousse, permettent à l'eau de s'accumuler sous un volume considérable, tantôt à ciel ouvert, tantôt en lac sous-glaciaire.

On nous permettra d'en citer quelques exemples officiellement constatés. Il a suffi que l'attention fût appelée sur la question pour l'élucider rapidement, grâce au concours dévoué de nombreux alpinistes.

Rupture d'une poche d'eau au glacier des Bossons. — Dès le 15 août 1892, on pouvait lire dans différents journaux l'entrefilet suivant :

« La rivière de l'Arve a subi hier une forte crue qui a duré jusqu'au soir.

« Cette crue a été causée par une poche d'eau échappée du glacier de Taconnet, et qui a raviné le terrain de la commune des Houches.

« Les dégâts sont insignifiants, mais c'est un symptôme inquiétant. »

Une enquête, immédiatement ouverte sur ces faits, a permis de constater que, le 11 août, de 8 h. 30 du matin à 5 heures du soir, le ravin des Pèlerins, qui prend sa source dans le glacier des Bossons, a charrié une grande masse de graviers et de galets, entraînés par un afflux d'eau tout à fait extraordinaire, sortant du glacier des Bossons, sans qu'aucune cause extérieure permît d'expliquer cette crue subite.

On a dû admettre que toute cette eau provenait de la rupture d'un lac sous-glaciaire qui se trouvait dans la section supérieure du glacier des Bossons. Les riverains du ravin des Pèlerins, questionnés à ce sujet, ont affirmé que pareil fait, plus ou moins marquant, se produisait tous les quatre ou cinq ans.

Ce phénomène est évidemment analogue à celui du lac de Märjelen, en Suisse.

Nous en trouvons une description détaillée dans un article publié par le prince Roland Bonaparte dans la *Nature* du 7 décembre 1889.

Le lac de Märjelen et le glacier d'Aletsch. — « Tout le monde connaît le magnifique panorama que l'on découvre du haut de l'Eggishorn, cette cime la plus élevée de l'arête rocheuse qui sépare le grand glacier d'Aletsch de la vallée du Rhône. Ce sommet (2,934 mètres), grâce à sa situation, offre une vue splendide au nord sur les Alpes Bernoises, au sud sur celles de Valais. Mais ce qui attire tout d'abord l'attention de l'alpiniste, c'est l'immense glacier d'Aletsch, ainsi que le petit lac de Märjelen. Ce lac est situé sur le côté gauche du glacier, à l'altitude de 2,367 mètres aux plus hautes eaux. Il occupe le col qui s'ouvre entre l'Eggishorn et le Strahlhörner au nord. La couleur de ses eaux est vert foncé; on y voit souvent flotter de gros blocs de glace.

« Les Alpes, qui contiennent tant de lacs élevés et pittoresques, n'en présentent guère qui soient aussi curieux que celui-ci; on peut même dire qu'il est unique dans le monde alpestre. Nous avons eu l'occasion de le visiter en septembre dernier et d'y faire les quelques observations qu'on lira plus loin :

« De trois côtés, le lac est borné par des pentes rocheuses, mais le quatrième est formé par le flanc gauche du glacier d'Aletsch, qui, grâce à cette disposition, ressemble à un glacier polaire.

« L'écoulement du lac a lieu alternativement par deux vallées : la vallée de Fiesch à l'est, et la vallée de la Massa à l'ouest. Ce lac offre une particularité assez singulière sur laquelle nous voulons attirer l'attention, c'est que, de temps en temps, il se vide subitement presque en entier. Son écoulement le plus habituel a lieu du côté du glacier d'Aletsch et à travers les crevasses qui, ici, sont presque perpendiculaires à la paroi de glace qui limite le lac à l'ouest.

« Ce sont ces larges crevasses verticales et béantes qui donnent passage à l'eau du lac. Quant aux chemins qu'elle suit sous la glace jusqu'à la Massa, on ne les connaît pas. Mais, par suite du mouvement du glacier, les tunnels que s'étaient percés les eaux finissent par changer de forme et même par disparaître tout à fait.

« A partir de ce moment, les eaux du lac, n'ayant plus aucun écoulement, montent jusqu'à ce qu'elles aient réussi à se frayer un nouveau chemin à travers le glacier.

« Lorsque le niveau du lac a atteint l'alpe de Märjelen, les eaux s'écoulent dans la vallée de Fiesch.

« Les questions qu'on s'est posées souvent sont celles-ci : Combien de temps le lac reste-t-il rempli? Et se vide-t-il à des époques régulières? Il y a vingt ans, on croyait dans le Valais que le lac se vidait tous les sept ans; actuellement, on croit que c'est tous les trois ans seulement. Nous allons tâcher de voir ce qu'il peut y avoir de vrai dans ces deux opinions.

« Lorsque le lac se vide, c'est une vraie calamité pour la vallée du Rhône. Pendant que l'eau se fraye un chemin sous le glacier, on entend toujours un bruit de tonnerre, et de fortes colonnes d'eau jaillissent des crevasses. En peu de temps, les terrains situés en aval du confluent de la Massa et du Rhône sont couverts d'eau. Beaucoup de cultures sont ainsi détruites. Par suite, le lac de Märjelen a une mauvaise réputation auprès des habitants du haut Valais qui ne sont pas riches.

« Le bassin du lac est constitué par l'ancienne moraine de fond d'une branche du glacier d'Aletsch qui, autrefois, passait par le col qui sépare les Strahlhörner de l'Eggishorn et où se trouvent actuellement les cabanes de l'alpe de Märjelen. A environ 120 mètres au-dessus du niveau des plus hautes eaux, sur le versant Sud des Strahlhörner, on distingue parfaitement les traces de l'ancienne moraine latérale. Le lac a, au moment de son plus grand développement, 1,500 mètres de long, 300 mètres de large et 50 mètres de profondeur. Le fond est incliné fortement de l'ouest à l'est. Sur le fond lui-même se trouve une petite élévation de 2 mètres; c'est elle qui empêche le bassin oriental de se vider jamais complètement.

« M. Gosset, de Berne, a essayé de dresser un tableau des époques auxquelles le lac s'est vidé; quand on l'étudie, on voit que le lac de Märjelen ne se vide jamais à des époques régulières. En 1878, il lui a fallu trente heures et demie; le volume de l'eau écoulée était de 9,300,000 mètres cubes; il en résulte que, par minute, il s'écoulait 84 m. c. 7 d'eau en moyenne. A Brigue, à 3 kilomètres du confluent de la Massa et du Rhône, ce dernier monta de 1 m. 50; à Sion, à 63 kilomètres, la crue du Rhône était encore de 0 m. 90. Il n'y eut pas de trop grands désastres, parce que les eaux du Rhône étaient basses.

« En juillet 1887, le lac était plein. Le 6 août, le niveau de l'eau atteignait la limite de la végétation. De nombreux blocs de glace de 6 à 8 mètres flottaient sur le lac. La température de l'eau était de 2° à 0 m. 15 de profondeur et de 0° à 1 mètre. Celle de l'air était de 10°. L'eau était transparente jusqu'à 1 m. 20. Dans la nuit du 6 au 7 août, le niveau du lac monta de 0 m. 30. Jusqu'à la fin du même mois, le lac monta d'un centimètre par jour.

« Le 4 septembre, à minuit 10 minutes, un voyageur venant de la Jungfrau constatait que le lac avait baissé de 3 mètres au-dessous de la limite de la végétation. Dans la matinée, on apprenait à l'Eggishorn que le lac s'était vidé pendant la nuit.

« Le lac ne se vide jamais entièrement. En 1878, il ne resta rien au pied de la muraille de glace, tandis qu'en 1887, il resta deux mares. Lorsque les eaux sont hautes, la surface légèrement inclinée du glacier d'Aletsch semble se prolonger sous l'eau. Mais quand le niveau du lac s'est abaissé, on découvre une paroi verticale. On attribue cette formation à ce que la glace immergée fond beaucoup plus vite que la glace exposée à l'air.

« La région médiane de cette muraille est le point le plus élevé; là, sur une longueur de 100 mètres, on ne voit aucune crevasse; mais, à droite et à gauche, sur un espace de 70 mètres, on aperçoit de nombreuses crevasses verticales; ce sont celles-ci qui, agrandies par l'action des eaux, leur ont donné passage. Au bout de quelques jours, les galeries qui avaient servi à l'écoulement des eaux du lac s'écroulèrent, parce que la glace, en cet endroit, étant très poreuse, offre une résistance moindre. Entre ces deux régions et les rives, on pouvait voir des galeries en voie de formation; ici elles n'avaient que 8 mètres, tandis que celles qui avaient été traversées par les eaux en avaient souvent plus de 30.

« En septembre 1883, le canton du Valais fit étudier un projet ayant pour but d'abaisser le niveau du lac. D'après ce projet, on devait creuser un canal de 540 mètres de long, allant du lac jusqu'à la vallée de Fiesch. L'écoulement qui se ferait par ce canal abaisserait le niveau du lac de 12 m. 50 et lui enlèverait 4,900,000 mètres cubes d'eau en lui en laissant 5,400,000. Actuellement, il faut que le lac soit plein avant de s'écouler dans la vallée de Fiesch, tandis que, lorsque le canal sera achevé, il suffira qu'il le soit à moitié.

« L'écoulement aura toujours lieu par le glacier d'Aletsch, mais ce canal diminuera beaucoup les chances d'inondations dans le haut Valais, sans les supprimer tout à fait cependant.

« On évaluait les frais de ce travail à 149,500 francs. La moitié de cette somme sera fournie par le Gouvernement fédéral.

« Lorsque, le 19 septembre 1889, nous traversâmes le lac pour aller passer une journée à la cabane de la Concordia-Platz, les eaux du lac étaient très basses et de nombreux blocs de glace étaient échoués sur ses rives. Plusieurs ouvriers travaillaient au canal. Le lendemain, la neige qui commençait à tomber mit fin à notre campagne alpestre, qui durait depuis quinze jours déjà, et nous dîmes au revoir aux Alpes, qui se couvraient de leurs blancs manteaux. »

D'après des renseignements nouveaux donnés par le même auteur à la *Société helvétique des sciences naturelles*, le tunnel de dérivation devait avoir 547 mètres de longueur, 1 m. 80 de hauteur sur 1 m. 20 de largeur et une pente de 2 mètres. Sa construction devait permettre de maintenir les plus hautes eaux du lac à 7 mètres au-dessous de l'ancien niveau.

Enfin nous citerons, sur les ruptures des poches d'eau des glaciers, l'intéressante communication de M. E.-A. Martel, publiée par la *Nature* du 23 mars 1895.

Rupture d'une poche d'eau du glacier de Jöstedal. —

« Le 11 juillet 1894, à une heure de l'après-midi, en franchissant le glacier de Jöstedal (Norvège), entre Skey (Nordjfjord) et Fjœrland (Sognefjord), j'ai observé une avalanche glaciaire présentant la plus grande analogie avec la rupture du glacier de Tête-Rousse qui a, dans la nuit du 12 juillet 1892, provoqué en France la catastrophe de Saint-Gervais.

« Au fond du Kjösnas-Fjord, le cirque rocheux de Lunde, large de 1 à 2 kilomètres, à l'aspect pyrénéen, supporte, au sommet de ses murailles abruptes, ce qu'on pourrait appeler le front de taille de l'immense glacier de Jöstedal, glacier de sommet, étendu comme un couvercle bombé, sur 70 kilomètres de longueur et 4 à 20 kilomètres de largeur. Ce front de taille est, par places, à l'aplomb des murs du cirque et aucune pente ne permet à cette portion du glacier de s'allonger normalement en *langue terminale*. C'est par une sorte de créneau de la paroi Nord (exposé naturellement en plein soleil) que nous vîmes l'avalanche abattre dans la vallée, de 5 à 600 mètres de hauteur, une notable partie du glacier. Mais l'arrachement ainsi opéré avait laissé un trou béant dans la tranche de glace, et, par ce trou, s'échappa pendant plus d'un quart d'heure une véritable chute d'eau, une jolie cascade qui suivit et prolongea celle de la glace.

. . . .

« A Lunde, la poche d'eau était plus petite qu'à Saint-Gervais, mais elle s'est rompue dans la même saison et sous l'influence des mêmes causes physiques et topographiques.

« En effet, il est indéniable que l'eau de fusion des glaciers se réfugie dans la partie inférieure de leurs crevasses, par l'effet de la pesanteur; sous un glacier suffisamment incliné, cette eau, de crevasse en crevasse, s'écoule vers le point le plus bas, vers l'extrémité de la langue terminale, souvent par un collecteur unique, par une seule arche (Gletscherthor des Allemands) qui rappelle les grandes sources des terrains calcaires. Au contraire, si le lit du glacier (ou une portion de ce lit) est horizontal ou à peu près, ou même en *fond de bateau*, l'eau de fusion peut ne pas trouver d'écoulement, ou ne le rencontrer que très lent; elle restera donc plus ou moins stagnante et s'accumulera entre les parois compactes des crevasses qui l'emprisonnent. Or, à la différence des fissures des terrains calcaires qui servent aussi de réservoirs aux eaux d'infiltration, les crevasses, sous diverses influences bien connues, se déplacent constamment dans les glaciers; dès lors, si l'une de ces crevasses, formant poche d'eau, arrive, en sa progression lente, à proximité d'un escarpement ou d'une brèche qui, comme à Lunde ou à Tête-Rousse, permet au front de taille ou au flanc du glacier de s'y précipiter fragment par fragment, un point de moindre résistance finit fatalement par se créer dans la poche aux abords du précipice; la pression de l'eau, à un moment donné, triomphe de la résistance ainsi diminuée; la poche crève, et, au lieu d'une simple avalanche de blocs de glace culbutés, il se produit, selon le cube du réservoir vidé et la disposition des lieux, soit l'inoffensive cascade de Lunde, soit le cataclysme de Saint-Gervais.

« Il est probable que des accidents de ce genre sont très fréquents dans les glaciers, mais ont échappé jusqu'à présent à l'observation directe; il serait opportun, sinon pour les prévenir, du moins pour en être prévenu, d'étudier soigneusement la topographie de ceux des glaciers dont les *parties planes ne sont pas entourées de barrières rocheuses continues ou imperméables,* et de reconnaître les points qui présentent ainsi des risques de projection d'eau subites, latérales ou périphériques. »

. . . .

Rupture d'une poche d'eau au glacier de Schwems. — « Le 9 juillet 1891, à 3 heures de l'après-midi, par un beau soleil que n'avait précédé aucune grosse pluie, le torrent qui sort du glacier de Schwems (Schwemser-Ferner, au fond de la vallée de Schnals, versant Sud du massif de l'OEtzthal, Tyrol) monta subitement de 1 m. 50; à 7 heures ou 7 heures et demie, il reprit un cours normal sans avoir exercé de grands ravages. Des guides du pays constatèrent ensuite qu'une *éruption* d'eau s'était produite dans la partie occidentale du glacier.

« L'étude minutieuse de la localité faite depuis lors par les soins du Club alpin allemand-autrichien paraît avoir établi qu'une masse d'eau s'était accumulée au printemps, à l'intérieur même du glacier, dans des crevasses dont l'issue s'était obstruée ou fermée en hiver, puis rouverte en été. La progression du glacier a certainement joué un rôle dans cette réouverture. »

. . . .

Retenue d'eau dans le glacier du Kjoëringbotnen. — Il est curieux de relever le passage suivant dans une brochure publiée par M. S.-A. Sexe, en 1864, sur le grand névé de Folgefond (au sud de Bergen [Norvège]) :

« On se rappelle encore parfaitement comment, pendant l'été, il y a trente et quelques années, l'eau disparut complètement dans la grande rivière qui vient du glacier de Kjoëringbotnen et comment elle reparut aussi subitement avec une abondance telle, qu'elle inondait tous les bords en les couvrant de sable, de gravier, de pierres et de blocs de glace. Il n'y a qu'une manière d'expliquer ce phénomène, c'est-à-dire que le courant de la rivière s'est trouvé arrêté sous le glacier et que l'eau s'est augmentée au point qu'elle s'est frayé un passage avec une force irrésistible, en entraînant une grande partie du glacier. »

Tous les faits que nous venons de citer établissent de la façon la plus irréfutable que, contrairement à l'opinion émise, les grands glaciers qui ont une marche rapide permettent facilement à l'eau de s'accumuler pour s'écouler ensuite subitement.

Nous avons vu que les Bossons avancent de 164 mètres par an, et le glacier d'Aletsch ne lui est certainement pas inférieur sous ce rapport.

Effet des crues dues à la rupture de poches d'eau. — L'effet de ces crues d'eau parfaitement limpide, lancée sur des pentes souvent énormes, est de provoquer infailliblement la formation d'une lave torrentielle.

M. Demontzey, dont la vie a été consacrée à l'étude des questions torrentielles, rendant compte à l'Académie des sciences, dans la séance du 8 août 1892, de la catastrophe de Saint-Gervais, s'exprimait ainsi à ce sujet :

« En résumé, les observations que j'ai pu faire démontrent :

« Que la lave du 12 juillet s'est absolument comportée comme toutes celles qu'on a pu étudier dans les torrents des Alpes et des Pyrénées ;

« Que son énergie a été d'autant plus désastreuse que le *transport en masse* a débuté dans les régions les plus élevées du bassin torrentiel, à la suite du départ subit d'un grand volume d'eaux concentrées plus soudainement encore que celles des plus terribles orages de grêle dans les bassins supérieurs des torrents sans glaciers ;

« Que le volume des matériaux de toutes sortes déposés tant aux bains que dans la plaine, et qu'on peut estimer, au maximum, à un million de mètres cubes, ne présente aucune anomalie avec le volume relativement réduit des eaux au moyen desquelles le transport en masse s'est effectué par une série de bonds successifs, avec des alternatives d'accélération de vitesse et des ralentissements momentanés ;

« Que ce phénomène torrentiel a substitué à un simple ruisseau, jusqu'alors inoffensif, un torrent dont l'activité peut être combattue dans un délai relativement court. Le passage de la lave dans les torrents de Bionnasset et du Bon-Nant, en effet, a enlevé tous les blocs granitiques qui, de longue date, pavaient et consolidaient leur lit, aujourd'hui profondément affouillé; des brèches nombreuses et étendues ont été creusées dans leurs berges, qui sont livrées sans défense à des ravinements et à des glissements très dangereux;

« Qu'on pourrait citer, dans les Alpes comme dans les Pyrénées, de nombreux exemples contemporains d'anciens ruisseaux paisibles passés en quelques instants à l'état de torrents formidables, sur une échelle un peu moins grande, il est vrai, mais avec cette circonstance aggravante que le désastre était causé par les pluies du ciel, dont on se garantit plus difficilement que du danger, une fois reconnu, que peut présenter un glacier;

« Que l'étude minutieuse, avec levés topographiques, que les forestiers opèrent en ce moment dans ce nouveau torrent dont je viens d'esquisser le caractère, conduira sans nul doute à trouver les moyens rapides de l'éteindre et peut-être d'amener les eaux de Tête-Rousse sur le Bionnasset;

« Et qu'enfin ce grand désastre ne pouvait être prévu, personne n'ayant eu même l'idée d'explorer auparavant le glacier de Tête-Rousse... »

Étude détaillée du cours de la crue du 12 juillet 1892 (*Catastrophe de Saint-Gervais*). — L'étude détaillée annoncée par M. Demontzey dans la communication qui précède a été effectuée pendant les années 1892 et 1893. On a dressé un plan détaillé du cours de la crue, accompagné de profils en long et en travers, en partant du glacier de Tête-Rousse, point initial, pour aboutir à la rivière d'Arve, où tous les matériaux charriés sont finalement venus se déverser.

Une série de photographies a permis en outre de montrer les diverses phases du phénomène et de poursuivre des études comparatives sur les modifications survenues au glacier de Tête-Rousse pendant les années suivantes.

Nous extrayons de cette étude les renseignements suivants :

Le glacier de Tête-Rousse est situé à une altitude de 3,270 mètres;

Sa plus grande longueur est de 416 mètres;

Sa largeur moyenne, de 220 mètres;

Sa surface totale, de 10 hectares 55 ares seulement.

En plan, il figure une sorte d'ellipse allongée dont le grand axe serait dirigé de l'est à l'ouest.

Il est limité au nord par le glacier de la Griaz et une arête rocheuse;

A l'est, par les escarpements rocheux de l'aiguille et du dôme du Goûter;

Au sud, par une arête rocheuse qui le sépare du glacier de Bionnasset;

Enfin, à l'ouest, entre deux arêtes rocheuses, se trouve son orifice d'écoulement.

Le glacier, enserré entre ces deux arêtes, se termine brusquement par une paroi verticale ayant 50 mètres de hauteur.

Dans le sens de sa plus grande longueur, la pente de sa surface va en augmentant, du nord-est au sud-ouest. Elle passe successivement de 0 m. 172 par mètre à 0 m. 363.

Dans le sens transversal, elle est à peu près nulle.

Enserré de toutes parts entre des parois rocheuses, le glacier de Tête-Rousse ne saurait être assimilé en rien aux grands glaciers qui occupent les versants du mont Blanc.

Alors que la grande différence de niveau entre ses deux extrémités n'est que de 166 mètres, les glaciers des Bossons ou de Bionnasset, ses voisins, ont des différences de niveau de 2,000 à 3,000 mètres. Ceux-ci, prolongés à l'amont par de puissants névés, partent pour ainsi dire du sommet du mont Blanc, coulent dans de véritables vallées et ont des mouvements très prononcés, ainsi que nous l'avons vu précédemment (les Bossons, 164 mètres par an; Bionnasset doit atteindre presque au même chiffre).

Mais à Tête-Rousse, il ne saurait en être de même : aucune pression résultant du poids des névés et des glaces supérieures n'agit sur le glacier, qui forme comme un lac complètement isolé. *A priori*, son mouvement doit être très lent, et les levés topographiques faits en 1893, 1894 et 1895 viennent confirmer de tous points cette appréciation. A peine a-t-on pu constater un déplacement de quelques décimètres, et encore ne peut-on certifier que ce mouvement apparent soit dû en grande partie à la fonte considérable de la surface du glacier, fonte qui a dépassé, en moyenne, 2 mètres d'épaisseur par an.

Ce phénomène est mis parfaitement en lumière par une série de photographies exécutées avec le même appareil, du même point, et tous les ans à peu près à la même date. En se repérant sur les fissures de la glace et les lignes de stratification, on peut parfaitement apprécier l'épaisseur de la couche qui a disparu.

Nous avons vu, par l'importante communication de MM. Vallot et Delebecque, que l'évacuation des eaux contenues dans le lac sous-glaciaire de Tête-Rousse s'était produite à la suite de l'arrachement de la paroi aval du glacier, mettant au jour un canal de 40 mètres de largeur sur 20 mètres de hauteur.

Cette ouverture béante n'a pas tardé à diminuer, se rétrécissant de plus en plus sous l'effet de la pesanteur, d'une part, qui produisait l'affaissement du plafond et, d'autre part, sous l'abondance des névés qui venaient reformer rapidement la partie aval dont l'ablation avait permis l'issue des eaux.

Dès l'année 1893, il était impossible de pénétrer dans le canal sous-glaciaire, dont l'ouverture s'était réduite à 1 mètre de hauteur seulement.

En 1894, cette ouverture était complètement recouverte par le névé, qui arrivait à plusieurs mètres au-dessus du plafond du canal sous-glaciaire, et la fermeture était si complète que les eaux commençaient à s'accumuler dans le fond du puits supérieur, formant un lac dont la profondeur atteignait 3 m. 75 le 8 août, et 8 mètres le 18 septembre suivant.

Si, à l'aide des données précises du plan topographique levé en
1892-1893, on calcule le volume d'eau que pouvaient contenir les
cavités apparentes du glacier, c'est-à-dire le puits supérieur et la
galerie conduisant de ce puits au débouché inférieur, on n'arrive,
en forçant les chiffres, qu'au nombre de 20,000 mètres cubes. Or,
toutes les estimations résultant, soit de l'importance de la coulée de
lave, soit de la quantité des matériaux charriés, ont conduit à évaluer à 100,000 mètres cubes au moins le volume de l'eau qui a
dû s'écouler brusquement du glacier. On est donc obligé d'admettre
qu'il doit exister sous la croûte supérieure de glace de nombreuses
cavités analogues à celle qui a été mise au jour au moment de la
catastrophe, qu'elles communiquent ensemble et qu'elles étaient
toutes pleines d'eau le 11 juillet 1892. Il est à remarquer que ce
volume de 100,000 mètres cubes correspond à une épaisseur
moyenne d'eau de 1 mètre étendue sur toute la surface du glacier.

Cette conception purement théorique est formulée pour donner
une idée approximative de la capacité des cavernes qui doivent
exister sous le glacier.

Il est certain, étant donnée la pente du fond rocheux sur lequel
repose la glace, que les eaux étaient en bien plus grande épaisseur
à la partie aval, et il se pourrait même qu'elles aient exercé une
certaine pression de bas en haut sur la croûte de glace qui recouvrait le puits aujourd'hui ouvert, leur niveau ayant pu s'élever,
dans ce vase clos que formait le glacier, sensiblement plus haut que
l'orifice de ce trou.

Si on admettait cette hypothèse, on serait amené à conclure que
ce ne peut être par suite de l'effondrement de cette couche superficielle de glace que les eaux ont fait irruption ; mais que, bien au
contraire, au moment de la débâcle, cette couche, n'étant plus sou-
tenue par les eaux, s'est simplement effondrée, sollicitée encore
par la pression atmosphérique d'un côté et le vide relatif qu'a dû
produire l'écoulement subit à travers un chenal clos de l'eau qui la
soutenait. Il faut observer, en effet, que ce chenal s'étend sur une

longueur de 87 mètres, avec une différence de niveau de 3o mètres
d'une extrémité à l'autre. Or, la pression d'une colonne d'eau de
3o mètres équivaut à près de 3 atmosphères.

Tant que le puits est resté ouvert, on a donc eu la certitude que
le niveau de l'eau sous le glacier ne pouvait jamais dépasser le
niveau de l'orifice de ce puits et il en est résulté, malgré l'incerti-
tude qui règne sur la situation exacte du fond rocheux, que près
de la moitié du glacier se trouvant à un niveau trop élevé, les eaux
ne pouvaient s'y accumuler. La surface dangereuse, qui était de
1o hectares, s'est ainsi trouvée réduite à 5 ou 6 hectares.

Malheureusement, à partir de 1894, les avalanches qui dévalent
le long des rochers de l'aiguille du Goûter, en même temps que la
neige chassée par le vent, sont venus obstruer peu à peu l'ouverture du puits, si bien qu'en 1898 la surface de Tête-Rousse avait
repris complètement son ancien aspect. On n'y trouvait plus trace
d'une dénivellation à l'endroit où existait le puits formé en 1892;
seule, la couleur du névé, plus blanche, permettait d'en distinguer
nettement les contours.

Ainsi donc, les dernières constatations de 1894 ont montré
l'existence d'un lac de 8 mètres de profondeur, puis, après l'hiver
de 1895, par suite de l'accumulation des neiges et de la formation
d'un névé, il a été impossible de savoir si le lac sous-glaciaire continuait à exister. Tout au plus pouvait-on en voir des indices dans
les sources qui se manifestaient avec une certaine intensité à la
surface de la glace et dans les arêtes rocheuses qui enserrent le
glacier.

Il est d'ailleurs du plus haut intérêt de savoir si l'eau accumulée
en 1894 s'est complètement congelée, ou si, au contraire, elle a
formé un centre d'attraction, pour ainsi dire, autour duquel la
glace fond peu à peu pour reformer un nouveau lac sous-glaciaire.

Si, en aval, le trou inférieur s'est fermé rapidement, c'est qu'il
est dominé par une paroi de glace presque verticale de 5o mètres
de hauteur, ne trouvant devant elle aucun point d'appui. Tout

l'effet de la pesanteur s'exerce alors normalement, et la glace, étant une substance malléable, tend constamment à occuper le vide de la cavité. De plus, la formation d'un névé contre cette paroi verticale a complètement obstrué l'ancien orifice, de telle sorte qu'on ne peut guère savoir s'il y a eu réellement affaissement complet.

Mais sous le glacier, les mêmes causes ne sauraient agir. Là il ne peut y avoir d'accumulation de neige et, d'autre part, la glace y forme des voûtes parfaitement étayées, comme dans la galerie latérale dont on a pu constater l'existence à l'ouest du puits, et au-dessus de laquelle la couche supérieure de glace n'atteint que 10 à 15 mètres d'épaisseur.

Il est d'ailleurs à présumer que ces cavités souterraines remontent à une haute antiquité.

Si l'on examine en détail la structure de la glace qui constitue les parois verticales du trou supérieur, on remarque qu'elle est formée de deux couches très distinctes.

La couche supérieure, de 7 à 10 mètres d'épaisseur, présente des stratifications parallèles à la surface du glacier, tandis que dans la couche inférieure, les bancs de glace sont fortement inclinés et atteignent presque la position verticale.

Cette différence de structure ne peut être un accident; elle doit correspondre à un changement grave dans la situation relative du glacier.

A l'époque où les couches s'inclinaient en tous sens, le glacier devait avoir une marche rapide, comme ceux de Bionnasset et de la Griaz ses voisins; tandis que depuis que les couches sont parallèles à la surface, le mouvement doit avoir été enrayé.

Il résulte, en effet, de toutes les observations faites jusqu'à présent que le mouvement actuel du glacier de Tête-Rousse est presque nul, ainsi que nous l'avons indiqué précédemment. Mais rien n'empêche d'admettre (et la configuration des lieux confirme cette hypothèse) qu'autrefois, à une époque fort éloignée, quand le grand glacier du mont Blanc occupait toute la vallée de l'Arve et s'étendait jusqu'à Genève, et même, beaucoup plus récemment encore, les trois glaciers de Bionnasset, de Tête-Rousse et de la Griaz étaient reliés ensemble par de puissantes couches de glace entraînées dans le mouvement général rapide des glaciers de Bionnasset et de la Griaz. A la suite du recul général des glaciers, cette couche a disparu et Tête-Rousse est resté isolé avec des bancs de glace inclinés en tous sens, profondément crevassés, sur lesquels sont venus annuellement s'abattre les avalanches de l'aiguille du Goûter, pour former la couche supérieure n'ayant d'autre inclinaison que celle qui résulte de la pente générale du glacier.

Cette sorte de couverture de glace a mis obstacle à la fusion rapide des bancs inférieurs. Ceux-ci ont dû cependant continuer à fondre lentement, soit à cause du passage continuel des eaux descendant de l'aiguille du Goûter et fortement surchauffées en été, soit par l'action du courant d'air qui parcourait incessamment les anciennes crevasses. Il en est résulté les galeries que l'on aperçoit en partie aujourd'hui et qui doivent s'étendre au loin, si on en juge par le volume des eaux qu'elles recélaient.

Ainsi donc, il paraît certain que ces galeries existaient encore en 1894, et qu'elles pouvaient renfermer à nouveau 100,000 mètres cubes d'eau environ, au moment où leur débouché inférieur a été obstrué. Il est probable que, dès cette époque, elles ont commencé à être envahies par les eaux qui atteignaient, le 18 septembre 1894, une hauteur mesurée de 8 mètres dans le fond du puits alors béant, aujourd'hui complètement recouvert par le névé.

Qu'arriverait-il si, au moment où elles seront de nouveau pleines (et quelques mois suffiront à les remplir), le front aval du glacier cédait, ainsi qu'il l'a fait en 1892, en livrant subitement passage à cette énorme masse d'eau?

Pour tous ceux qui s'occupent des questions torrentielles, la réponse ne saurait être douteuse.

Il se formera une lave absolument semblable à celle de 1892, au moins aussi violente et dont les effets seront aussi désastreux pour la région. Seuls les établissements des bains de Saint-Gervais, qui n'ont pas été reconstruits à leur ancien emplacement, n'auront plus à souffrir ; mais rien ne prouve que les sources thermales, d'une si haute efficacité, ne seront pas de nouveau englouties sous une couche de boue de plusieurs mètres d'épaisseur et que les quelques morceaux restés debout des anciens établissements ne seront pas enlevés à leur tour.

De plus, les villages de Bionnay et du Fayet restent exposés, ainsi que la route départementale si fréquentée de Cluses à Chamonix et 70 hectares de cultures dans la plaine de Passy.

Enfin, la tête de ligne de la voie ferrée de Genève au Fayet, la gare du Fayet, a été construite récemment sur la rive gauche du torrent de Bonnant, à quelques mètres en aval de la route départementale, et courrait les plus grands dangers, en même temps que toutes les constructions annexes qui l'entourent.

On peut poser en principe qu'une lave torrentielle étant formée, aucun obstacle ne peut l'arrêter. Ce n'est donc pas en construisant des ouvrages dans les régions inférieures, le long du cours des torrents de Bonnant et de Bionnasset qu'on peut espérer arriver à conjurer les dangers manifestes qui résultent de la situation actuelle.

Il faut empêcher la lave de se former en s'opposant par tous les moyens à une concentration brusque des eaux et à leur écoulement rapide sur des pentes abruptes.

Il nous suffira d'ailleurs d'étudier comment les choses se sont passées en 1892 en aval du glacier et de décrire l'état des lieux actuel pour qu'il soit de toute évidence qu'une nouvelle crue d'eau formerait une lave en tout semblable à celle de 1892.

Les eaux ayant fait irruption se sont précipitées, au sortir du glacier, sur une pente abrupte recouverte de neige durcie, ayant en plan une longueur de 470 mètres, avec une pente variant de 0,791 par mètre à 0,616 et une différence de niveau totale de 323 mètres.

Sur cette pente vertigineuse, elles ont dévalé avec une rapidité extrême et ont commencé à affouiller. Le fait est expressément constaté dans la relation officielle de M. le garde général Gerberon, déjà citée précédemment et où il expose qu'il était dès le 13 juillet sur les lieux de la catastrophe, et que ce jour il a vu des *ravinements sales creusés dans le glacier au-dessous du trou inférieur qui marquaient le passage du commencement de la lave.*

Au pied de cette pente escarpée, les eaux ont rencontré des amoncellements considérables de débris provenant de la désagrégation séculaire des roches qui forment toute cette région montagneuse; puis elles ont franchi, sans se détourner, le vallon profond de 5 mètres qui sert en temps normal à l'écoulement des eaux du glacier, et elles ont poursuivi leur course en ligne droite jusqu'au pied de la montagne des Rognes, qui les a obligées à faire un coude brusque vers l'ouest.

C'est dans cette région, au milieu des éboulis de toute nature et de toutes dimensions, que la lave a commencé à entraîner des matériaux d'un certain volume. Les érosions provoquées par le passage des eaux étaient nettement visibles sur le terrain pendant les années 1892 et 1893, au milieu de tous les blocs accumulés sans ordre et qui, n'ayant jamais été remaniés par les eaux, offraient une prise facile à la trombe qui venait de s'abattre sur eux et dont ils allaient augmenter le volume dans des proportions énormes.

On peut affirmer sans crainte que, dans cette région, il n'a pas été enlevé la millième partie des matériaux accumulés et que leur entassement constitue une réserve inépuisable pour la formation des laves futures.

A partir de ce point, la lave déjà formée s'est écoulée en s'étalant sur près de 200 mètres de largeur dans un vallon limité au Nord par la montagne des Rognes et au Sud par l'arête rocheuse séparant le versant de Tête-Rousse du glacier de Bionnassect; les pentes y varient de o m. 457 par mètre à o m. 318. Ce vallon vient aboutir à l'extrémité de la montagne des Rognes, à une pente escarpée atteignant 1 m. 262 par mètre et ne descendant pas au-dessous de o m. 564. Cet à pic que la lave a dû franchir pour tomber dans le plan de l'Aire est entièrement rocheux. On y voyait quelques touffes de gazon poussant dans les fentes des rochers. La lave les a toutes entraînées dans sa course folle, laissant à nu le roc net et poli. Mais ce n'est pas, ainsi qu'on l'a prétendu, sur cet escarpement rocheux que la lave a emprunté la majeure partie de ses matériaux; c'est à plus de 1,600 mètres avant d'y arriver, ainsi que nous l'avons exposé.

Enfin, après avoir parcouru une distance de 2,633 mètres avec une différence de niveau de 1,297 mètres, la lave aboutit au pied de la montagne de Rognes, dans une sorte de vallée orientée du sud au nord que l'on appelle le Plan-de-l'Aire.

Cette vallée, bordée à l'est par la montagne des Rognes, est limitée au sud et à l'ouest par une vaste moraine latérale formée par le glacier de Bionnasset, parallèlement et à 250 mètres de distance environ du versant des Rognes.

La lave tombant de l'escarpement rocheux dans la direction Est-Ouest, s'est donc précipitée tout d'abord en travers du Plan-de-l'Aire et est venue buter contre la moraine, s'élevant à 46 mè-tres au-dessus du fond de la vallée.

En cet endroit la hauteur atteinte par la lave contre la moraine (1,915 mètres d'altitude) était de 46 mètres plus élevée que sa hauteur au pied de la montagne des Rognes.

Une pareille dénivellation donne une juste idée de la violence que devait avoir la crue en arrivant à la fin de cette première partie de son parcours.

Elle nous permet également d'apprécier la rapidité du phéno-mène, l'écoulement ayant dû être presque instantané pour empê-cher toute espèce de nivellement de la surface.

Ce mouvement d'oscillation de la lave, d'une rive à l'autre, a continué en aval et s'est prolongé jusqu'au pont du Fayet, chaque coude (et ils sont nombreux) ayant eu pour effet de rejeter la coulée sur la rive opposée.

En chacun de ces points on peut juger de la vitesse relative du courant, celle-ci étant d'autant plus grande que l'amplitude des oscillations a été plus considérable.

Des observations faites sur le terrain, il résulte qu'elle a atteint son maximum entre le sommet du Plan-de-l'Aire et l'extrémité inférieure du torrent de Bionnasset; qu'elle s'est énormément ralentie depuis le point de jonction du torrent de Bionnasset avec le torrent de Bonnant jusqu'aux bains de Saint-Gervais, et qu'enfin elle a été très faible de ces bains au pont du Fayet.

La première de ces trois sections a une longueur de 5,832 mètres et comprend une différence de niveau de 915 mètres, ce qui correspond à une pente moyenne de 0 m. 156 par mètre.

La seconde a une longueur de 4,706 mètres et comprend une différence de niveau de 349 mètres, ce qui correspond à une pente moyenne de 0 m. 074 par mètre.

La troisième enfin, d'une longueur de 1,060 mètres, comprend une différence de niveau de 27 mètres, ce qui correspond à une pente moyenne de 0 m. 025 par mètre.

Les observations faites sur le terrain et les conclusions qu'on en tire d'après l'examen des oscillations de la lave cadrent donc d'une façon précise avec les déductions que l'on pourrait tirer de la connaissance de ces différentes pentes moyennes.

Il en résulte un moyen approximatif d'apprécier la durée totale du phénomène, durée qu'il a été absolument impossible de fixer d'après les dires des témoins. Les dépositions recueillies ont seulement permis d'établir que du pont du Diable jusqu'à l'Arve, la lave a mis environ 5 minutes.

Elle a franchi ainsi une distance de 3,050 mètres, avec son minimum de vitesse.

Pour arriver du Plan-de-l'Aire au Pont-du-Diable, elle a eu à franchir 9,300 mètres, dont 5,800 à très grande vitesse et

3,500 à vitesse moyenne, de sorte que chacun de ces parcours n'a pas dû prendre tout à fait 5 minutes.

On sera certainement au-dessus de la vérité en portant à 3 minutes le temps que l'eau sortie de Tête-Rousse et le commencement de la lave ont mis, dans ces conditions, à franchir les 2,700 mètres qui séparent le glacier du Plan-de-l'Aire, et on arrive ainsi à un total général de 18 minutes, qui paraît plutôt supérieur qu'inférieur à la réalité, puisque, dans toutes nos estimations, nous avons toujours majoré le nombre des minutes.

La distance totale parcourue étant de 15,160 mètres, on peut donc assigner à la lave une vitesse moyenne de 14 mètres à la seconde, ce qui correspond à 50 kilomètres à l'heure.

Avec ces données et en adoptant pour le volume de lave 1 million de mètres cubes, chiffre probablement exagéré, mais qui a été généralement admis comme donnant une approximation suffisante, on peut calculer le temps que la coulée a dû mettre à passer en un point donné.

Aux bains de Saint-Gervais, la coupe ou section transversale de la lave avait, au moment de sa plus grande puissance, une surface de 240 mètres carrés.

La vitesse du courant étant évaluée dans cette section à 10 mètres à la seconde il a dû passer par seconde, un volume de 2,400 mètres cubes, ce qui donne 6 minutes 56 secondes pour le passage de 1 million de mètres cubes. Comme il est certain que l'arrivée de la crue a été soudaine, ce calcul répond bien à la réalité pour les débuts de la lave, mais celle-ci a dû ensuite prolonger son écoulement et ne s'est évidemment pas arrêtée aussi brusquement qu'elle avait commencé. On peut donc négliger les 56 secondes qui correspondent aux matériaux charriés lentement et évaluer à 6 minutes la durée du passage intensif de la crue à la hauteur des bains de Saint-Gervais.

A la hauteur du village des Pratz, un peu en amont du pont du Diable, la section de la tranche transversale de la lave mesure

5go mètres carrés. La vitesse ayant été estimée précédemment à
1 2 mètres à la seconde dans cette région, un calcul analogue montre
que la lave, qui devait avoir un volume un peu inférieur au volume
total, a passé en 2 minutes seulement.

Enfin, au Plan-de-l'Aire, la section transversale de la tranche de
la lave mesure 960 mètres carrés. La vitesse a été estimée précédemment à 19 mètres à la seconde. En supposant son volume de
5oo,ooo mètres cubes, il n'aurait fallu que 27 secondes pour en
effectuer le passage total.

Tous ces chiffres sont évidemment fort approximatifs et, consi-
dérés en eux-mêmes, isolément, ils peuvent s'écarter notablement
de la réalité; mais ils ont une assez grande exactitude relative. Ils
peuvent servir à apprécier la rapidité vertigineuse avec laquelle
s'est produite la catastrophe, et démontrent clairement qu'il était
impossible aux riverains d'échapper par la fuite à une aussi soudaine
irruption; qu'il était impossible aux habitants des villages atteints
d'aller prévenir assez vite les habitants des régions inférieures.

De la vitesse d'écoulement de la lave en un point donné, on
peut conclure que toute l'eau du glacier de Tête-Rousse a dû se
vider en quelques secondes à peine; qu'elle a dû s'avancer pour
ainsi dire d'un seul bloc jusqu'au Plan-de-l'Aire, et qu'à partir de
ce point, par suite du frottement sur les berges, de la diminution
successive des pentes et de l'augmentation de sa viscosité, due à
l'énorme quantité de matériaux qu'elle tenait en suspens et dont
elle a continué à se charger jusqu'aux bains de Saint-Gervais, elle
a ralenti peu à peu sa vitesse, en prolongeant d'autant sa durée
d'écoulement.

Tous ces chiffres sont d'ailleurs des moyennes, et il ne faudrait
pas croire qu'une lave s'avance d'un mouvement uniforme comme
court l'eau d'un fleuve, même impétueux.

Une lave importante, comme celle que nous considérons, est
toujours constituée par deux sortes d'éléments : des éléments
liquides ou fluides, tels que l'eau, le sable, l'argile et les petits gra-

viers, et des éléments solides, tels que des arbres entiers et surtout des blocs de rochers de 100, 200 et même 300 mètres cubes.

Les éléments liquides ou fluides restent toujours intimement mélangés, mais les éléments solides, au contraire, en arrivant aux chutes ou cascades qui existent dans tous les torrents, se séparent de la masse visqueuse en mouvement et se précipitent à travers les pentes abruptes avec une vitesse bien supérieure à celle du reste de la lave. Ils ne sont plus soumis qu'à l'action de la pesanteur, sans qu'aucun frottement vienne ralentir leur course; ils bondissent d'une rive à l'autre, en franchissant des sauts de plusieurs centaines de mètres de longueur, et ne s'arrêtent que lorsque, la pente diminuant, la pesanteur ne leur permet plus d'avoir un mouvement spécial.

Bientôt, rejoints par la lave, d'une densité presque égale à la leur, ils sont de nouveau entraînés, mais se trouvent dès lors tous accumulés à l'avant, figurant un mur de rochers en mouvement.

Une gorge vient-elle à se présenter, tous ces blocs se serrent les uns contre les autres, les troncs d'arbre s'y ajoutent et il en résulte un barrage temporaire qui ne cède que sous la pression grandissante de la masse de lave accumulée en amont.

L'étude du terrain a permis de reconnaître quelques-uns des endroits où les barrages temporaires se sont formés le 12 juillet 1892. Il a été facile de les distinguer grâce à la hauteur exceptionnelle atteinte par la lave à la fois sur les deux rives du torrent.

Tous ces barrages occasionnent des ralentissements dans l'écoulement et sont suivis bientôt d'une débâcle d'autant plus violente qu'ils ont opposé une résistance plus prolongée.

Le passage de la crue a arraché une masse considérable de matériaux sur les berges et dans le fond du lit des torrents de Bonnant et de Bionnasset, ainsi qu'aux flancs de la moraine latérale du glacier de Bionnasset. Après que la couche végétale, qui recouvrait presque partout les berges de ces torrents, a été enlevée, des affouillements importants se sont produits dans les anciens dépôts, soit sédimentaires, soit glaciaires, qui forment le sous-sol sur des épaisseurs souvent très grandes.

Ces affouillements, aussi considérables qu'ils aient été, n'ont cependant enlevé qu'une infime portion de cette moraine à gros matériaux qui constitue à peu près partout le sous-sol des torrents de Bonnant et de Bionnasset, et qui y forme un réservoir inépuisable où pourront s'alimenter les laves futures.

De toutes les observations qui précèdent résulte donc la certitude de la reconstitution d'un lac sous-glaciaire à Tête-Rousse, et de la formation d'une nouvelle lave semblable à la première dans le cas d'une irruption soudaine des eaux accumulées à nouveau.

Travaux de protection exécutés à Tête-Rousse. — L'Administration des Eaux et Forêts en a conclu que le seul moyen d'obvier à la formation d'une nouvelle lave était d'empêcher l'irruption soudaine des eaux de Tête-Rousse et, par conséquent, de rendre impossible la formation d'un lac sous-glaciaire. On a donc recherché les moyens de procurer aux eaux un écoulement permanent.

Cet écoulement ne pouvait être obtenu sur le front du glacier, tourné vers le nord et constamment obstrué par les glaces et les névés; il a paru préférable de le chercher à travers l'arête rocheuse qui sépare Tête-Rousse du glacier de Bionnasset. On jetterait ainsi les eaux sur un versant très escarpé, entièrement rocheux, exposé au sud-ouest; et elles tomberaient directement sur le glacier de Bionnasset, où, quel que soit leur volume, elles ne sauraient jamais produire d'accidents, toute leur violence devant fatalement venir se briser contre les séracs et dans les crevasses de cet immense glacier.

Ce projet devait nécessiter le creusement, en grande partie dans le roc, d'une galerie souterraine de 120 mètres de longueur environ et de 2 mètres de largeur sur 2 mètres de hauteur, avec une pente moyenne de o m. 10 par mètre. Ces dimensions sont évidemment bien plus considérables que ne nécessite le débit du glacier, mais il faut que les ouvriers appelés à creuser la galerie puissent s'y mouvoir avec leurs instruments et qu'on puisse y circuler pour la vérifier et l'entretenir.

Ce travail en lui-même n'acquiert quelque importance qu'à cause de l'altitude (3,200 mètres) à laquelle il a dû s'exécuter, au milieu d'une région désolée et à plus de cinq heures de marche du chalet de montagne le plus rapproché.

Le creusement de la galerie souterraine devant se poursuivre progressivement et de proche en proche, on ne pouvait compter sur un avancement de plus de o m. 50 par jour, ce qui portait à 240 jours le temps nécessaire à l'exécution du travail.

L'entretien d'un chantier d'ouvriers pendant un temps aussi long, dans une région désolée, devait entraîner à certaines installations indispensables parmi lesquelles les plus importantes étaient la création d'un chemin et d'abris tant pour les ouvriers que pour les surveillants et les agents d'exécution.

Travaux exécutés en 1898. — Tous ces travaux comprenant l'ouverture d'un chemin muletier de 2 mètres de largeur sur 7 kilomètres de longueur, prolongé par un sentier de piéton de 1 mètre de largeur sur 2,590 mètres de longueur, l'ouverture d'un canal souterrain de 120 mètres de longueur et la construction d'une baraque située à 2,900 mètres d'altitude, furent mis en adjudication le 24 mai 1898. Les prix de base étaient pour le mètre courant de chemin de 2 mètres dans la terre, 4 fr. 40; pour le chemin de 2 mètres dans le roc, 16 fr. 30; pour le canal souterrain, 92 francs; et enfin la baraque était évaluée à 3,803 fr. 49.

Ils furent adjugés avec un rabais de 3 p. 100 et immédiatement commencés.

Le recrutement des ouvriers fut assez facile. Les entrepreneurs s'étant assurés au préalable divers travaux de moindre importance dans les régions inférieures des vallées voisines prélevaient sur ces chantiers le personnel nécessaire, au fur et à mesure des besoins, et conservaient en même temps la faculté d'y occuper leur monde pendant les périodes de mauvais temps, bien plus fréquentes aux hautes altitudes que dans la plaine.

Le logement et le ravitaillement de ces ouvriers présentèrent des difficultés infiniment plus considérables pendant la première année. Il s'agissait, en effet, d'ouvrir près de 10 kilomètres de chemin, avec une différence de niveau de 1,500 mètres, sur des pentes abruptes, glacées, dépourvues de tout abri et de tout moyen de communication.

Dans le programme tracé à l'entrepreneur, ces chemins devaient s'ouvrir à peu près entièrement pendant la première année; en même temps la baraque devait être construite et le canal souterrain amorcé.

Comme le travail ne devait durer que quatre mois au maximum, du 1er juin à la fin de septembre, la rigueur du climat et la présence d'épaisses couches de neige apportant un obstacle absolu à une mise en train plus hâtive aussi bien qu'à une prolongation de durée d'exécution, il était absolument nécessaire d'organiser de nombreux points d'attaque répartis sur toute la longueur du tracé.

Près de chacun de ces points d'attaque, il fallut créer des baraquements provisoires. Une équipe d'ouvriers, dite « les éclaireurs », fut chargée de ce travail pénible. Composée d'ouvriers de confiance, forts et endurants, elle rendit de très grands services.

Le type du baraquement auquel on s'arrêta était fort simple. Quatre murs en pierre sèche, d'environ 0 m. 40 d'épaisseur, formaient l'ossature.

Les vides étaient calfeutrés, aussi bien que possible, intérieurement et extérieurement à l'aide de mousse, de lichens et même de feuilles de rhododendrons dans les régions les plus basses.

Le mur postérieur, d'environ 1 m. 50 de hauteur, dans l'épaisseur duquel on ménageait quelques niches pour y placer les objets

5.

d'usage courant, était, en général, adossé contre un quartier de rocher ou un talus entaillé verticalement. Quant au mur de façade, il n'avait guère qu'un mètre de hauteur et était percé d'une ouverture, servant de porte, obstruée pendant la nuit à l'aide de couvertures.

Enfin la toiture, faite de planches brutes non jointives, était rendue imperméable par l'adjonction de bâches ou de couvertures maintenues en place par de grosses pierres.

Ces baraques mesuraient 3 mètres de largeur; leur longueur variait suivant le nombre d'ouvriers à y loger. Une épaisse couche de paille servait de lit, et des couvertures, en quantité suffisante, étaient mises gratuitement à la disposition des ouvriers.

Quatre baraquements furent ainsi construits, aux altitudes de 2,100, 2,550, 2,900 et 3,200 mètres.

Leur édification fut extrêmement pénible, car il fallut transporter à dos d'homme, sans chemin et sur des pentes rocheuses abruptes, les planches, les bâches, les couvertures et la paille.

Il fallut transporter également à dos d'homme les vivres, le bois pour la cuisson des aliments, les outils, la poudre, et, en un mot, tous les objets indispensables à la vie et nécessaires à l'exécution des travaux.

Il n'était rien retenu aux ouvriers pour ces transports, et cependant le taux des salaires fut presque doublé. Un manœuvre exigeait 5 francs par jour; un maçon, 10 francs.

En 1898, d'importantes chutes de neige arrêtèrent brusquement les travaux le 25 septembre.

A cette époque, il avait été employé 6,052 journées d'ouvriers, dont 3,545 en journées de manœuvres et terrassiers, et le reste réparti entre les diverses spécialités, mineurs, maçons, tailleurs de pierres, forgerons, charpentiers, scieurs de long, etc.

On avait terminé : 5,070 mètres de chemins de 2 mètres dans la terre ; 1,480 mètres de chemins de 2 mètres dans le roc; 2,590 mètres de chemins de 1 mètre (entièrement terminé), la baraque;

et enfin le canal souterrain était amorcé sur une longueur de
9 mètres.

Travaux exécutés en 1899. — En 1899, on commença par terminer rapidement le chemin de 2 mètres; l'entrepreneur fit à ses
frais quelques travaux supplémentaires au chemin d'un mètre pour
permettre aux mulets d'accéder jusqu'au pied même du glacier de
Tête-Rousse, et le 19 juillet on attaqua le canal souterrain ; cette
date, qui semble si tardive, était d'ailleurs imposée par l'état du
terrain, qui ne commence à se découvrir de neige que vers cette
époque.

Le travail fut continué de jour et de nuit sans interruption.
Pour y parvenir, on dut organiser trois postes d'ouvriers travail-
lant chacun huit heures. Chaque poste comprenait quatre mineurs
et un manœuvre. De plus, un forgeron et un surveillant étaient
attachés à demeure au chantier.

Théoriquement, les mineurs ne devaient donc travailler que
huit heures par jour; mais comme fréquemment plusieurs d'entre
eux quittaient à la fois le chantier, on avait recours à ceux des
autres postes pour les remplacer. Cependant, pour éviter qu'ils
n'eussent à faire ainsi seize heures de travail, on répartissait dans
ce cas entre deux mineurs le travail d'un absent.

D'ailleurs, si la journée nominale était de huit heures, le travail effectif ne durait guère plus de six heures. Car il y a à déduire
de ces huit heures le temps consacré aux repas, à l'absorption de
boissons chaudes et surtout le temps que mettait à se dissiper la
fumée produite par la combustion de la dynamite. Chaque poste
faisait partir douze coups de mine en moyenne, en deux volées de
six coups chacune, l'une après quatre heures de travail et la dernière avant la relevée par le poste suivant.

Le premier poste fonctionnait de 6 heures du matin à 2 heures
du soir et, par suite, les autres de 2 heures du soir à 10 heures,
et de 10 heures du soir à 6 heures du matin.

Tous les dix jours, les postes alternaient par permutation circulaire.

Le recrutement des ouvriers payés 1 franc par heure de travail, sauf les manœuvres qui ne recevaient que 0 fr. 90, fut assez facile; toutefois, ce furent surtout des aventuriers, alléchés par un haut salaire, qui vinrent se présenter. Ils ne travaillaient guère plus de huit à quinze jours; quelques-uns seulement restèrent un mois.

Il faut reconnaître d'ailleurs que tous, sans aucune exception, eurent à souffrir de la rigueur du climat.

Les trois facteurs principaux qui paraissent modifier les conditions d'existence à cette altitude, sont :

La raréfaction de l'air;

Le froid;

La sécheresse de l'atmosphère.

On peut se faire une idée de l'influence de la raréfaction de l'air par le calcul suivant : soit V le volume d'air admis par les poumons dans l'espace d'une minute lorsqu'un homme se trouve dans les conditions normales de l'existence, en un lieu où la pression atmosphérique est de 760 millimètres.

Quand cet homme s'élève à l'altitude de 3,200 mètres, la pression atmosphérique descend à 520 millimètres. Pour arriver à absorber la même quantité d'air que précédemment dans le même espace de temps, cet homme devra en introduire dans ses poumons un volume V^1 qui sera donné par le rapport

$$\frac{V}{V^1} = \frac{520}{760}$$

d'où

$$V^1 = \frac{760}{520} \times V = 1,46\ V.$$

La capacité des poumons ne se modifiant pas avec l'altitude, le même homme qui, au bord de la mer, ferait 14 aspirations à la minute, en fera $1,46 \times 14$, soit 20 environ au glacier de Tête-Rousse.

Si, au lieu de rester en repos, le corps effectue un certain travail, on conçoit que l'essoufflement arrive beaucoup plus vite.

Ce phénomène a été remarqué par tous les ouvriers.

D'autre part, dans la galerie aussi bien que sur le glacier, la température se maintenait entre 0 et 1 degré et exigeait une grande activité dans la combustion interne pour entretenir le corps à sa température normale.

Mais, contrairement à ce qu'on observe généralement en hiver et dans les pays froids, l'appétit des ouvriers diminuait rapidement. Peut-être faut-il en chercher la cause dans leur régime, qui comportait, outre une nourriture substantielle, l'absorption de café et de thé chauds à toute heure, de vin de temps à autre et d'eau-de-vie fréquemment; car, par suite de la sécheresse de l'atmosphère, les échanges de vapeur d'eau entre le corps et l'air devenaient plus considérables, et les ouvriers avaient constamment soif.

De toutes les observations faites, on peut conclure à l'influence nettement déprimante du climat. Cette action se traduisait par des maux de tête fréquents, le manque d'appétit, la soif persistante et le manque de courage au travail.

Les ouvriers ayant fait un séjour prolongé au glacier se reconnaissaient parfaitement à la pâleur de leur teint, à leurs traits fatigués et à leurs yeux gonflés.

Malgré toutes ces difficultés, le 27 septembre, jour où la neige a obligé à interrompre les travaux, on avait exécuté 122 mètres de canal souterrain, dont les 60 premiers dans le roc et le reste dans la glace.

Conclusions sur les observations faites en 1899. — Tous les terrains traversés étaient complètement gelés. Au milieu de la partie rocheuse, alors que la galerie se trouvait à près de 30 mètres de la surface du sol, aucune trace de dégel n'est apparue.

Ce point, très intéressant, était facile à constater, le roc étant parsemé de nombreuses inclusions de glace qui, en fondant à la chaleur dégagée par l'exécution des travaux, laissaient se détacher des morceaux de rocher qui menaçaient à chaque instant la sécurité des ouvriers. Aussi, malgré toutes les difficultés, a-t-il fallu recourir à un boisage temporaire, auquel on substituera un revêtement en maçonnerie.

Cette observation importante doit s'appliquer au sous-sol de tous les glaciers, qui, par conséquent, ne reçoivent aucune chaleur de la terre et ne sont pas susceptibles de fondre en leurs points de contact avec le sol. Le froid transmis par les glaciers au sous-sol est supérieur à la puissance de la conductibilité terrestre, et il devient presque impossible d'admettre qu'un lac sous-glaciaire puisse exister quelques années sans être entièrement congelé. D'où nous tirons cette probabilité que les cavités qui existaient sous le glacier de Tête-Rousse et qui ont donné lieu à la débâcle du 12 juillet 1892 devaient exister, mais entièrement vides, et qu'un obstacle s'étant opposé, à un moment donné, au libre écoulement des eaux, elles se sont rapidement remplies, jusqu'au jour où la pression exercée par ces eaux sur le front aval du glacier l'a obligé à se rompre et à permettre ainsi leur écoulement subit. Si cette conclusion est exacte, on doit retrouver entièrement gelé le lac qui avait commencé à se former en 1894 et qui, depuis lors, recouvert de névé, était demeuré comme une menace occulte pour les habitants de Saint-Gervais.

Il doit en être de même de toutes les galeries souterraines envahies par les eaux à la même époque.

C'est bien ce que semblent démontrer les travaux exécutés en 1899, qui, poursuivis sur une longueur de 62 mètres dans la glace, n'ont mis à découvert ni une fissure, ni une crevasse. Partout on a traversé la glace compacte, sonore, en couches stratifiées, fortement inclinées, avec des inclusions de pierrailles entre les couches.

Il restera à poursuivre cette galerie pendant l'année 1900, de façon à déterminer très exactement s'il existe encore des cavités. On sera probablement conduit à creuser un puits vertical allant atteindre le sous-sol rocheux et à ouvrir quelques petites galeries dans différentes directions transversales.

S'il en résulte la certitude que toutes les cavités antérieures se sont remplies de glace dure, la station de Saint-Gervais pourra être considérée comme sauvegardée pour de longues années; mais il restera à étudier les phénomènes qui ont donné naissance aux anciennes galeries, à s'assurer qu'il ne s'en forme pas de nouvelles et, s'il s'en forme, à se rendre compte très exactement de leur mode de formation, de leur marche et du danger qu'elles peuvent présenter, pour être maître de le conjurer en temps opportun.

Ainsi donc, quel que soit le résultat du travail entrepris, son influence sera des plus salutaires, et pour le présent et pour l'avenir, en permettant d'écarter en toute sécurité les conclusions de la note communiquée à l'Académie des sciences dans sa séance du 14 août 1893. Cette note, après avoir rendu compte de l'état du glacier en 1893, portait comme conclusion : « De toute façon, la vallée paraît exposée, dans un avenir peut-être prochain, peut-être éloigné, à une catastrophe semblable à celle du 12 juillet 1892. »

L'Administration des Eaux et Forêts a pensé, tout au contraire, qu'un travail préventif était possible; elle l'a exécuté et, par là, a rendu la sécurité à toute une vallée riche et peuplée. Par une surveillance assidue, rendue facile par le zèle et l'endurance d'un personnel choisi, qui a déjà fait ses preuves, elle parviendra certainement à élucider toutes les questions qui restent en suspens, faute d'études antérieures; les conclusions d'ordre général qu'on en tirera par la suite sont appelées, nous en avons l'absolue certitude, à rendre de signalés services, non seulement à Saint-Gervais, mais encore à nombre d'autres vallées plus ou moins menacées par les torrents glaciaires.

Ainsi sera donnée satisfaction, dans la mesure du possible, aux *desiderata* exprimés par M. E.-A. Martel dans son récit de la catastrophe de l'Altels que nous rapportons ci-après :

Les avalanches de glace. — *L'avalanche de l'Altels du 11 septembre 1895.* — Au lieu d'être bouleversés par des trombes d'eau, les torrents et les vallées dominés par des glaciers sont quelquefois exposés à être dévastés par des éboulements ou avalanches de glace dont les effets sont fort à redouter, ainsi qu'on le verra par les descriptions qui suivent. Au sujet de l'avalanche de l'Altels, voici ce qu'écrit M. E.-A. Martel dans la *Nature* du 2 novembre 1895 :

« Il y a quelques mois, à propos d'un fait observé au Jostedal (Norvège) et en rappelant la catastrophe de Saint-Gervais, je signalais ici même quel intérêt matériel considérable il y aurait à considérer les glaciers comme autre chose qu'un objet de théories scientifiques et un champ d'exercices sportiques. J'indiquais que, dans une certaine mesure et sous des conditions déterminées, il serait, en maint endroit, utile, nécessaire même, de bien étudier les allures, l'hydrologie et la topographie des glaciers rapprochés des lieux habités, sinon pour prévenir, du moins pour prévoir les cataclysmes que leurs mouvements peuvent engendrer.

« Or, voici qu'un nouveau sinistre glaciaire, moins terrible, certes, en ses conséquences, que celui du 12 juillet 1892, mais qui a cependant coûté six vies humaines, s'est produit le 11 septembre (1895) en Suisse, en plein travers d'un des passages alpestres les plus fréquentés.

« Ayant deux fois traversé moi-même ce col, et venant de recevoir de M. Jules Beck, l'émérite photographe alpiniste, des documents de première main, notamment le récit de sa propre visite sur place au lendemain de l'événement, je demanderai aux lecteurs de la *Nature* la permission de leur en relater les circonstances.

« C'est sur le chemin même du col de la Gemmi (2,329 mètres), ce pittoresque et célèbre créneau des Alpes bernoises, franchi pendant chaque été par des milliers de simples promeneurs (et non pas d'ascensionnistes professionnels), se rendant de Thoune (Berne) à Louèche-les-Bains (Valais), que l'accident a eu lieu, le 11 septembre 1895, vers 5 heures du matin.

« Une masse de glace et de névés, de 4 millions de mètres cubes, s'est détachée subitement des pentes supérieures de l'Altels, et est venue ensevelir et détruire les alpages de la Spitelmatte et de la Winteregg.

« L'Altels (3,636 mètres) est une des plus hautes cimes des Alpes bernoises, une des plus imposantes de forme surtout, et tous les voyageurs qui montent de Kandersteg à la Gemmi, par l'hôtel de Schwarenback et les bords du Dauben-Sée, ne manquent point d'admirer son harmonieux dôme neigeux dominant le côté oriental de leur route.

« Toute la base de ce dôme neigeux s'est abattue sur le chemin de la Gemmi, à 1,500 mètres de l'hôtel de Schwarenbach.

« Il y a là une vallée haute et plate, d'environ 2 kilomètres de longueur sur 1 kilomètre de largeur, élevée de 1,900 à 2,000 mètres au-dessus du niveau de la mer, limitée au sud-est par le massif de l'Altels et du Balmhorn (3,711 mètres) et au nord-ouest par une crête rocheuse, haute d'environ 400 mètres (altitude extrême, 2,389 mètres), qui la sépare de la vallée parallèle de Ueschinenthal. Les hauts névés de l'Altels et le glacier Noir (Schwarzglatscher, descendu du Balmhorn) y déversent leurs eaux de fonte par deux ravins profonds et resserrés.

« 130 têtes de bétail (vaches, chèvres et porcs) paissaient l'Alpe herbeuse de la haute vallée, gardées par quatre pâtres qui faisaient les fromages dans les cabanes de Spitelmatte. Bêtes et gens devaient descendre le 13 septembre en leurs quartiers d'hiver à Louèche-les-Bains. Avant leur départ, M. Rothen, vice-président du Conseil communal de Louèche, et son assesseur, M. Tschopp, étaient montés à Spitelmatte pour régler, comme tous les ans, certains comptes d'exploitation et de redevances avec les pâtres.

« Le mercredi 11 septembre, environ à 5 heures du matin, on entendit, de l'hôtel Schwarenbach, le bruit d'une formidable avalanche, et même une servante, déjà levée, vit « passer comme un « nuage blanc et de la poussière neigeuse répandue dans l'air ». On ne prit d'abord pas garde au phénomène, l'avalanche étant chose usuelle dans ces hautes régions; mais une heure après, quatre bûcherons s'aperçurent les premiers de ce qui s'était passé.

« L'Alpe entière était engloutie sous une mer de décombres, de roches et de glaces; tous les bestiaux (sauf trois), les six hommes et les châlets de Spitelmatte avaient disparu. A 5 heures du soir, on avait déjà retrouvé quatre des cadavres humains; deux restaient invisibles. »

Ici, laissons la parole à M. Beck, qui est monté à l'Altels il y a quelques années, qui s'est rendu, dès le 13 septembre, sur le théâtre de la catastrophe et qui nous a fourni, avec le plus aimable empressement, tous les renseignements y relatifs :

« Les journaux de la Suisse romande et allemande ont parlé improprement de la chute du « glacier de l'Altels », car il n'y existe pas de glacier dans le sens propre du mot, mais un haut névé, magnifique, en forme de toit d'église... très caractéristique de cette cime... L'endroit où la rupture a eu lieu se trouve à 300 mètres à peu près au-dessous de la cime. Il y a deux ans qu'une crevasse transversale s'était formée, puis élargie encore dans le courant de cet été à l'altitude de 3,300 mètres à peu près. De plus, on avait remarqué, depuis Frutigen, des taches noires produites par la fonte du névé pendant ces dernières chaleurs exceptionnelles. La roche nue venait au jour. Cette fonte, avec ses infiltrations sous-glaciaires, doit avoir diminué considérablement l'adhérence du névé au calcaire jurassique qui forme la structure géologique de ce massif. Tout en étant entrecoupé de bancs schisteux, le calcaire est, en général, uni, glissant, et présente bien moins d'aspérités et de reposoirs, si je puis m'exprimer ainsi, que d'autres formations.

« Cette explication, étant données la topographie et la géologie des lieux, est absolument rationnelle.

« Elle est fournie, d'ailleurs, dans des termes analogues par MM. les professeurs A. Heim (de Zurich) et R. Chodat, qui pensent « que deux crevasses latérales, en s'allongeant, ont fini par se ren- « contrer. La chaleur de l'été a agrandi cette fissure... L'eau cou- « lant sur le glacier continuait son œuvre de désagrégation... Les « couches rocheuses sur lesquelles reposait le glacier sont d'une re- « marquable régularité et, inclinées à 45 degrés, constituent un « plan parfait. Une solution de continuité devait donc faire fatale- « ment dévaler le glacier ».

« Le chemin parcouru par l'avalanche a été d'environ 3 kilomètres et sa chute verticale de 1,300 à 1,400 mètres.

« La surface de rupture montre une tranche de névé, longue de 400 à 500 mètres, haute de 40 à 60 mètres... qui court au-dessous du sommet de l'Altels.

« Entraînant tout sur son passage, continue M. Beck, roches, détritus, boues glaciaires, anciennes moraines, et pulvérisant elle-même, dans cette épouvantable dégringolade, les névés et les glaces dont elle se composait, cette avalanche, la plus énorme qui ait eu lieu en Suisse depuis 1782, a couvert un espace de 1 kilomètre et demi de longueur sur 1 kilomètre de largeur.

« La force de la projection a été telle, que l'avalanche a pour ainsi dire sauté par-dessus le bas-fond de la vallée, en laissant courir à peu près indemne le Schwarzbach, venant du Balmhorn, de sorte que la formation d'un lac n'est pas à craindre et que le Kandersteg ne risquera pas d'éprouver le sort de la vallée de Bagne en 1818...

« Aussitôt après la forêt, en venant de Kandersteg, le chemin habituel de la Gemmi est barré par un amoncellement chaotique de détritus couvrant la route sur une hauteur de 10 à 25 mètres.

« Partout la même désolation uniforme, impressionnante sans

être grandiose; un poudingue sale et boueux, avec du névé affleurant çà et là, voilà le linceul sous lequel est enterré tout le vallon. Ce paysage, dont l'artiste ne s'occupera pas, fera même triste figure sur la plaque dépolie du photographe. Les forces inconscientes de la nature ont travaillé là brutalement, et m'ont rappelé un peu la tristesse et la laideur du delta projeté en avant de Saint-Gervais.

« Les cabanes de Spitelmatte sont la limite de l'éboulement; sauf une, enterrée aux deux tiers, toutes les autres ont été moulues et projetées au loin par la trombe d'air….

« Sans insister davantage sur les détails lamentables de cet accident, il faut rappeler qu'une fois déjà l'Alpe de Winteregg a été détruite et quatre personnes tuées, dans des conditions semblables, le 17 août 1782. Et dès maintenant l'on prévoit que la catastrophe se renouvellera dans un siècle. C'est du moins l'opinion des optimistes. D'autres, plus alarmés, se demandent déjà si une crevasse latérale, qu'on distingue au-dessus de la coupure, n'amènera pas, bien avant cette époque, la reproduction du phénomène !

« Que faire en cette occurrence? Abandonner l'Alpe, à laquelle quelques années suffiront pour recouvrer sa verdure et ses herbages? Condamner la route de la Gemmi, voie de communication commode et très fréquentée? On ne voudra pas s'y résoudre dans la seule appréhension d'un cataclysme que ne reverra peut-être aucun de nos contemporains. Ces partis extrêmes ne sauraient convenir.

« Mais puisqu'on connaît avec précision, par suite d'une double et fatale expérience, un point critique, un défaut de cuirasse dans la blanche coupole de l'Altels, est-il trop demander aux ingénieurs et aux savants de l'avoir, comme le glacier de Tête-Rousse au mont Blanc, en perpétuelle surveillance et suspicion ?

« Deux similitudes sont à retenir dans les fléaux de Saint-Gervais et de la Spitelmatte : 1° ils se sont produits tous deux avant le lever du soleil, dans la seconde partie de la nuit; 2° l'action des eaux sous-glaciaires paraît avoir été déterminante. Voilà déjà deux points

acquis, dont les spécialistes sauront peut-être un jour tirer des déductions qui permettront aux ingénieurs de corriger, par des procédés artificiels, les effets du regel nocturne ou des ruptures de
poches d'eau..... Gétroz, Tête-Rousse, l'Altels ne sont point les
seuls glaciers dangereusement suspendus en l'air; il en est bien
d'autres, aussi semblables à l'épée de Damoclès, quoique leur
échéance de chute reste sans doute éloignée. Ainsi je ne puis me
défendre de citer comme tel, dans les montagnes de Ferwall (ou
Verwall) en Tyrol, sur la limite du Vorarlberg, le curieux petit
glacier de Pettnen ou du Riffler (3,163 mètres); il est littéralement
accroché dans un couloir rocheux à pic, à près de 2,000 mètres,
droit au-dessus du chemin de fer de l'Arlberg, entre les stations de
Saint-Auton et de Landeck; si pittoresque qu'il se présente aux
yeux des voyageurs, il conviendrait, après les avertissements de
Saint-Gervais et de la Gemmi, de le sacrifier, par un moyen quelconque, à la sécurité de cette voie ferrée sur laquelle il tombera
certainement quelque jour.

« Reconnaître les glaciers menaçants, drainer leurs eaux inté-
rieures, provoquer à volonté la chute de leurs portions dangereuses, en un mot les rendre moins meurtriers, est-ce donc une
œuvre plus difficile et moins profitable que de percer les tunnels
sous les montagnes, dériver les sources pures vers les grandes villes,
creuser les canaux d'une mer à l'autre, corriger les torrents dévastateurs et reboiser les croupes dénudées?

« Attendra-t-on, pour comprendre la nécessité de maîtriser au
moins certains glaciers, que la multiplicité des catastrophes ait
encore porté la ruine et la mort dans beaucoup d'autres vallées
alpestres? »

Avalanche du glacier de Gétroz. — Le fameux glacier de Gétroz
a occasionné d'une façon toute différente les inondations terribles
de 1595 et de 1818 dans la vallée de la Dranse de Bagne, au sud-
est de Martigny (Valais suisse); il se termine sur le flanc droit

(oriental) de la vallée, abruptement au-dessus d'un à pic de 700 mètres d'élévation; les avalanches sont donc constantes au front de ce glacier; lors des deux sinistres, elles furent si considérables, qu'elles barrèrent la vallée, firent refluer la Dranse en amont et la transformèrent en un lac; quand la digue constituée par l'avalanche céda sous la pression croissante de l'eau du lac, toute la vallée fut dévastée en aval par la débâcle [1].

Un phénomène analogue s'observe presque annuellement dans le glacier de la Griaz, qui vient se terminer, à l'altitude de 2,350 mètres, au bord d'un escarpement rocheux. Seulement, les masses de glace qui se détachent subitement du front aval de ce glacier ne tombent directement sur aucun pâturage et ne peuvent barrer aucune vallée. Mais elles contribuent, par leur quantité, à augmenter la puissance des crues du torrent de la Griaz, dont nous aurons encore à nous occuper un peu plus loin.

Travaux préventifs contre l'ablation du front des glaciers. — L'examen des conditions dans lesquelles se produit l'ablation du front des glaciers ne nous permet pas d'indiquer, dans l'état actuel de nos connaissances, une méthode précise de nature à empêcher avec certitude le renouvellement de ce phénomène.

Presque toujours, c'est la disposition du terrain qui est la cause déterminante de la chute des glaces; il faut à la fois que le glacier se termine au sommet d'un escarpement plus ou moins élevé, et qu'il repose sur un lit suffisamment incliné et glissant.

On ne peut songer à élever contre son front une digue qui en empêcherait le glissement; car, en admettant même que l'on arrive, à force de dépenses, à construire une digue assez résistante, il ne faudrait que quelques années au glacier pour s'élever plus haut qu'elle et menacer les régions inférieures.

[1] Extrait d'un article de M. E.-A. Martel.

On pourrait plus aisément s'attaquer aux lits des glaciers, en pro-
fitant du moment propice où ils sont mis en partie à découvert,
pour y entailler des marches grossières, qui atténueraient à la
fois la pente et la facilité de glissement, mais ce ne serait encore
qu'un palliatif généralement insuffisant.

La seule méthode sûre consisterait à repérer très exactement, par
des marques visibles de loin, tracées tant sur les flancs de chaque
glacier qu'à sa base, les limites extrêmes qu'il ne saurait dépasser
sans danger. Ces limites seraient fixées par expérience ou au besoin
par le calcul, et toutes les fois que, par sa marche en avant ou
par son exhaussement graduel, la glace tendrait à les dépasser, on
devrait procéder à la destruction de toutes les parties dangereuses,
soit à l'aide d'explosifs, soit par tout autre procédé que les progrès
de la science mettent à la disposition des hommes.

Dans certains cas, on pourrait recourir à l'usage de l'eau. En
dérivant par un canal le cours d'un torrent voisin ou même les
produits de la fonte des neiges dans les régions supérieures et les
déversant en quantité suffisante sur le glacier dangereux, on en
activerait considérablement la fonte annuelle. Il est douteux qu'il
puisse, dans ces conditions, atteindre le niveau qu'il ne saurait
dépasser sans danger. C'est un procédé que nous avons eu à employer très fréquemment dans les torrents pour faire disparaître
rapidement les épaisses couches de neige entassées par les avalanches.
En faisant passer sur ces névés l'eau qui, naturellement, passe
toujours dessous, on les dissout en quelques jours, et nous sommes
convaincu qu'un courant d'eau suffisant produirait dans les glaciers
un effet analogue. Encore faudrait-il s'efforcer de maintenir cette
eau à la surface le plus longtemps possible pour qu'elle produise
le maximum d'effet utile.

A défaut d'autre moyen, dans les cas les plus intéressants, on
pourrait encore utiliser les forces naturelles et en particulier les
chutes d'eau qui existent toujours en abondance dans les régions
montagneuses. Il serait aisé de transporter par l'électricité la force

ainsi recueillie et de l'appliquer à la région dangereuse sous une forme quelconque (chaleur ou travail mécanique).

Les éboulements glaciaires ou dérochoirs. — L'activité des torrents glaciaires peut encore être influencée par des éboulements très considérables, se manifestant pendant toute la période du dégel, sans aucune interruption, et qu'on désigne dans la région du mont Blanc sous le nom de *dérochoirs*.

Subitement, sans aucune cause apparente, des blocs, des pierrailles, du sable même se détachent des flancs d'un versant escarpé; l'érosion une fois commencée se continue; les chutes de matériaux deviennent de plus en plus fréquentes, de plus en plus abondantes. Sur leur passage, les forêts et les pâturages sont anéantis et d'immenses espaces entièrement dénudés deviennent une proie facile pour les eaux.

Tous les produits de cette désagrégation s'accumulent généralement au fond d'un ravin, y provoquant des amoncellements qui peuvent dépasser 30 mètres d'épaisseur sur plus d'un kilomètre de longueur et qui, au moment des pluies d'orage, servent à la formation de laves puissantes, souvent dangereuses.

On peut observer un phénomène de ce genre sur la montagne des Rognes, qui s'étend entre le glacier de Bionnasset et le glacier de la Griaz. En 1888, à l'altitude de 2,510 mètres, se manifestèrent les premières érosions, qui ont continué sans interruption depuis cette époque jusqu'à l'heure actuelle, en s'aggravant d'abord pendant les trois ou quatre premières années, avec beaucoup de rapidité. Depuis lors, un régime normal semble s'être établi avec une intensité moyenne.

Le plateau des Rognes, où commence ce dérochoir, est constitué par des moraines alpines provenant en partie des dépôts glaciaires, en partie de la désagrégation séculaire des roches qui le dominent.

Il est supporté lui-même par des bancs de micaschiste. Au-dessous,

on remarque des schistes sériciteux et micacés, et, tout à la base,
une large bande de gypse mêlée de cargneules.

La pente moyenne du versant, depuis le sommet du dérochoir
jusqu'au ravin des Arandellys, où aboutissent en définitive tous
les matériaux, est de o m. 90 par mètre, sur une longueur de
1,200 mètres, ce qui correspond à une différence de niveau de
1.080 mètres. Elle atteint, en moyenne, 45 degrés, soit 100
p. 100 pour les 800 premiers mètres comptés depuis l'origine du
dérochoir, et descend, par conséquent, à 70 p. 100 dans la partie
inférieure.

On comprend avec quelle rapidité les blocs doivent dévaler sur
des pentes pareilles, et quelle difficulté énorme il y a à reconstituer
l'équilibre une fois qu'il est rompu. Théoriquement, les matériaux sont exactement en équilibre sur les 800 mètres de différence de niveau s'étendant entre les altitudes de 2,500 à 1,700
mètres, et il doit suffire de déplacer un bloc dans la partie inférieure pour que le mouvement se propage de bas en haut, dans
toute la masse.

La largeur de l'éboulement atteint près de 400 mètres en certains endroits, et peut être estimée, en moyenne, à 300 mètres.

C'est donc une surface d'environ 36 hectares qui s'est trouvée
transformée, en fort peu de temps, en une plaie vive absolument
dénudée.

La coupe verticale de la montagne des Rognes, faite perpen-
diculairement au versant qui nous occupe, présente, en partant
du sommet, un escarpement à peu près vertical sur 400 mètres
de hauteur, se transformant peu à peu en une pente de 45 degrés
sur 800 mètres de hauteur et prolongé par un cône d'éboulis
ayant de 50 à 100 p. 100 de pente sur 280 mètres environ de
hauteur.

Les parties verticales et celles inclinées à 45 degrés sont entièrement rocheuses, mais généralement recouvertes, surtout dans la
région supérieure, d'une couche de 5 à 6 mètres d'épaisseur de

matériaux délités par l'influence du gel et du dégel, et présentant toutes les dimensions.

Cette pente est cependant coupée à la base de la partie verticale par une sorte de plateau de 700 à 800 mètres de longueur sur 50 mètres de profondeur, en pente assez forte, et composé uniquement de débris de roches et de sable. La présence de ce dépôt sédimentaire à pareille altitude (2,500 mètres) et sur de pareilles pentes, ne peut être attribué qu'à l'action des glaciers qui, dans leurs mouvements séculaires, ont constitué là une de leurs moraines. C'est cette moraine qui, en se désagrégeant, fournit tous les matériaux qui dévalent dans le dérochoir, avec d'autant plus d'intensité que le temps est plus chaud et plus humide.

En hiver, au printemps, en automne, dès que commencent les gelées permanentes, tout rentre dans le calme le plus complet; mais aussitôt le dégel survenu, le dérochoir reprend son activité première.

Les quelques travaux préliminaires que l'on y a essayés ont démontré qu'à partir d'une profondeur de 5 à 6 mètres, même pendant les plus chaudes journées d'été, le sous-sol était entièrement gelé et ne formait qu'une masse compacte de glace, de rochers, de pierrailles et de sable. On a été conduit à admettre, à la suite de ces constatations, que c'était l'action du dégel qui provoquait la chute des matériaux en détruisant la glace qui leur servait de liaison.

Mais ce qu'on n'a pu déterminer encore, c'est pourquoi cette action ne s'est fait sentir qu'à partir de l'année 1888, sur un versant qui est tous les ans entièrement dépouillé de neige, depuis fort longtemps, et sur lequel, par conséquent, l'action de la chaleur devait s'exercer avec la même vigueur que de nos jours.

Quoi qu'il en soit, pour atténuer, dans la mesure du possible, l'action du dégel, on a ouvert, sur le plateau, trois profondes tranchées destinées à drainer les eaux et à leur assurer un écoulement rapide. Ce palliatif, qui a paru ralentir pendant quelque temps l'activité du dérochoir, n'a pas donné un résultat suffisamment marqué pour qu'on puisse le recommander. Il arrive, en effet, que, dès le premier hiver, les tranchées se remplissent de neige qui se transforme rapidement en névé et obstrue complètement l'écoulement des eaux. Comme on ne peut les déblayer qu'à la fin du dégel, leur effet se trouve presque totalement annihilé.

On a bien pensé à élever quelques murs de soutènement, mais ils seraient extrêmement difficiles à fonder sur un terrain solide, qu'il faudrait aller chercher jusqu'à la base de l'éboulement, en des endroits tellement exposés, qu'aucun ouvrier ne consentirait à s'y aventurer.

Le problème reste donc posé. Nul doute qu'avec des études poursuivies sans interruption, faisant la lumière sur tous les points restés obscurs dans cette question, on n'arrive à trouver un jour le remède à appliquer. Depuis bientôt quarante ans qu'ils s'occupent de la question torrentielle, les agents des Eaux et Forêts se sont trouvés en face de difficultés aussi grandes, dont la solution paraissait impossible à préciser. Soutenus par le sentiment de leur responsabilité, par l'amour que la montagne inspire à tous ceux qui la pratiquent, et guidés par la connaissance approfondie des faits, ils sont arrivés à dompter les torrents les plus redoutables. Cette fois encore, ils regardent comme un honneur d'avoir une difficulté à vaincre. Ils y appliquent tous leurs efforts. Ils ne peuvent que toucher au but!

Pour conjurer les effets dévastateurs de ce dérochoir, en attendant sa disparition, il était indispensable de prendre quelques mesures de précaution, et la plus importante devait avoir pour but de retenir dans la montagne, dans le fond du ravin des Arandellys, l'immense accumulation de débris qui en avait exhaussé le lit de plus de 20 mètres sur une longueur de près d'un kilomètre.

Si tous ces matériaux repris par les eaux d'orage venaient à former une lave, rien ne pourrait résister à sa puissance. Le chef-lieu de la commune des Houches, les cultures qui l'environnent, la route de Chamonix à Genève et nombre d'autres voies de communication moins importantes, seraient en un moment ensevelis sous des monceaux de lave et détruits par les quartiers de roc; l'Arve verrait son cours obstrué et formerait un lac qui, grâce à la configuration du sol, pourrait retenir des masses d'eau considérables. La rupture inévitable de ce barrage momentané de l'Arve pourrait porter au loin la ruine et la désolation.

La construction d'un barrage de retenue s'imposait donc. Cet ouvrage, établi dès 1894, à la base de l'éboulement, près du confluent du ravin des Arandellys et du torrent de la Griaz, a reçu des fondations de 7 mètres de profondeur. Il a pu ainsi résister aux crues formidables de 1895 et 1898, et son action a été telle, que les eaux, n'ayant pu affouiller à son amont, ont creusé, dans le lit de déjection, depuis son pied jusqu'à l'Arve, un chenal de 8 à 10 mètres de profondeur sur 12 à 15 mètres de largeur et 2 kilomètres de longueur.

Observations générales sur les torrents glaciaires composés. — De toutes les observations déjà faites sur les torrents glaciaires composés et sur les phénomènes qui s'y manifestent, on peut conclure que le glacier et les moraines qu'il a formées sont un réservoir inépuisable de matériaux qui sont entraînés en permanence, mais surtout pendant les périodes de chaleur, et vont exhausser le cône de déjection.

Par suite de ces apports continuels, les cônes de déjection des torrents glaciaires composés s'exhaussent rapidement, et les eaux arrivent bientôt à couler à un niveau supérieur à celui des terrains avoisinants, sans aucun lit bien défini.

Quand d'abondantes pluies d'orage se manifestent dans le bassin de réception d'un de ces torrents, des laves s'y forment et remanient les matériaux provenant du glacier, y creusant souvent un lit large et profond. Comme les laves ne sont pas annuelles, mais espacées à intervalles fort variables, le cours du torrent est lui-même fort irrégulier. Successivement, le lit est encombré de matériaux, puis affouillé à de grandes profondeurs.

On peut donc considérer qu'il est fort dangereux d'y élever des ouvrages de correction qui ne soient point solidement fondés sur le roc, et que dans le cas ordinaire, où les fondations doivent reposer sur des matériaux de transport, il est prudent, contrairement à ce qui se fait dans les torrents non glaciaires, de commencer la correction par le bas, en élevant des ouvrages échelonnés de façon à empêcher l'affouillement et, par suite, à s'appuyer mutuellement.

De cette modeste étude, nous tirerons cette conclusion que l'intelligence humaine doit avoir raison de la force brutale des glaciers, quelque puissante qu'elle soit. En s'appliquant à étudier les phénomènes glaciaires et les lois qui les régissent, l'homme peut et doit trouver le moyen de les rendre inoffensifs et même de les utiliser à son profit. C'est ainsi qu'en maîtrisant les torrents il peut utiliser à son gré d'importantes chutes d'eau, dont la valeur sera considérable au jour prochain où le transport de la force par l'électricité sera entré dans le domaine pratique.

Certes, les catastrophes glaciaires continueront encore à se produire pendant de nombreuses années, portant la désolation tantôt sur un point, tantôt sur un autre. C'est que, par leurs mouvements lents, les glaciers échappent encore actuellement à toute observation positive. Par leur lenteur même, par leurs oscillations permanentes, ces mouvements, ou plutôt la résultante de tous ces mouvements nous échappe. Nous ne pouvons donc en prévoir les conséquences, qui viennent si fréquemment causer la ruine de paisibles populations.

Il semble qu'un de nos premiers devoirs devrait être d'installer un service d'observations qui, pour chaque glacier, noterait annuellement l'amplitude de ses oscillations, rapportée à des éléments fixes et immuables qu'il serait aisé d'établir à proximité.

A l'appui, on dresserait un plan détaillé des lieux, accompagné de profils en long et en travers, et on noterait tous les phénomènes remarquables qui viendraient à se produire, en indiquant, autant que possible, les causes et les effets.

A l'aide de ces renseignements, on formerait, pour ainsi dire au jour le jour, l'historique de tous les glaciers; on en suivrait les oscillations et on pourrait prévoir, avec quelque certitude, les périodes dangereuses. Il deviendrait dès lors facile d'y appliquer, en temps opportun, les mesures de précaution nécessaires.

I. — RAVIN DES ARANDELLYS. Versant boisé de la montagne des Rognes en 1892.

II. — Ravin des Arandellys. Même versant en 1895, après l'entrée en activité du dérochoir.

III. — TORRENT DE BIONNASSET. Ensemble du cours de la lave produite en 1892 par la débâcle du glacier de Tête-Rousse.

Phototypie Berthaud, Paris

IV. — GLACIER DE TÊTE-ROUSSE. Effondrement partiel en 1892 de la surface du glacier de Tête-Rousse.

V. — Glacier de Tête-Rousse. Vue d'une galerie intérieure.

VI. — Glacier de Tête-Rousse. Ouverture de sortie de l'eau en 1892.

VII. — Glacier de Tête-Rousse. Entrée de la galerie souterraine ouverte en 1899.